MANUEL

DU

SABOTIER ET DES TRAVAILLEURS.

MANUEL

DU

SABOTIER

ET

DES TRAVAILLEURS

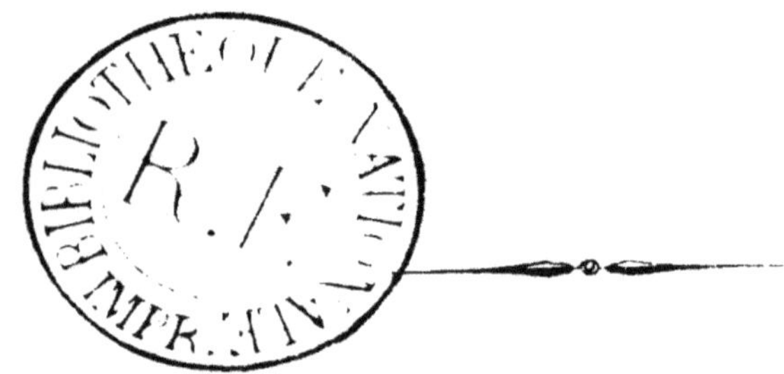

BIBLIOTHÈQUE NATIONALE R.F. IMPÉRIALE

LYON

IMPRIMERIE DE LÉON BOITEL

QUAI SAINT-ANTOINE 36

1850

AVANT-PROPOS DE L'AUTEUR.

—

Mon Manuel du Sabotier et d'Association des Travailleurs aura peut-être peu d'appréciateurs parmi les personnes de condition riche et opulente. Car ce n'est que l'ouvrage d'un Sabotier et d'un boutiquier, selon l'esprit de ce monde.

J'aime à croire que beaucoup de publicistes ont fait des manuels d'arts et métiers, et d'association avec des sentiments de sagesse et de bonne foi, dont j'approuve beaucoup les principes, bien qu'ils soient impossibles à pratiquer légalement.

Quoi qu'il en soit, je ne prétends pas entrer en lutte avec ces honorables auteurs, en oubliant ma simple profession.

Cependant, je prétends débuter de la manière la plus précise en netteté pour constituer les vrais principes élémentaires des moyens de l'organisation du travail et du commerce, par des principes manuels et théoriques dans les manières les plus simplifiées, les plus claires et les plus nettes.

Mes connaissances ne sont que l'instruction du bon sens du vulgaire ; car, en fait de science de lettres, je n'y connais rien, et dans tout ce que j'ai vu littérairement, je trouve abus, mensonge, sédition dans l'ensemble de toutes les sciences du monde.

Je sais cependant que mon jugement est profond, quoique je ne puisse donner tout ce que je dis pour être une perfection d'esprit. Car je me vois dans le monde comme dans un désert, quoique je sois dans une ville de cent mille âmes.

Je ne peux pratiquer tout ce que je pense, et je fais tout pour vivre comme le monde vit ; mais que je vois de peines et d'ennuis dans toutes les personnes, ce qui reflue jusqu'à moi-même et m'afflige également.

Ce que j'ai écrit ne pourra pas détruire le mal qui existe dans beaucoup d'ouvriers, mais pour sûr pourra le *prévenir*; et je dis *prévenir*, car c'est le détruire à l'avenir.

L'avertissement de cette édition donnera des idées claires, des principes généraux, des droits et devoirs politiques.

Mes collègues verront ce qu'ils sont et ce qu'ils doivent être. En fait de devoirs religieux et politiques, je ne leur dis pas :

Oui, soyez religieux et politiques selon telle forme d'église et tel système politique ;

Mais je parle selon l'intelligence de la conscience individuelle et humanitaire.

Mes confrères verront que je n'écris pas par vanité ni par cupidité, comme tant d'autres le font, et avec un esprit éhonté et de convoitise.

Publier mes opinions, cela me fait quelque chose, car je sais que la vérité a de nombreux ennemis cachés au fond des cœurs de certaine caste individuelle très-somptueuse.

Je n'attaque point les personnes, mais les *vices* des principes seulement, et je le fais par droit et par devoir consciencieux, et en vertu des articles 8 et 13 de la Constitution de la République de 1848.

Et j'aime à croire que je serai compris avec facilité de tous mes lecteurs; et on verra que si le monde est misérable, quelque soit du riche et du pauvre, que ce sont les principes et les lois qui sont cause de ce que l'on est tout ignorant et vicieux.

Et je prouverai que la misère n'est pas un besoin nécessaire à l'administration de la vie par droit de puissance des chefs qui administrent les peuples.

Je suis auteur de nombreux manuscrits sur toute l'harmonie humanitaire, et j'ai traité des questions qui doivent *réveiller* ceux qui *dorment*, ce que je me propose de démontrer dans d'autres éditions, si Dieu me le permet. Désirant rester inconnu comme auteur de ce livre et n'être nullement inquiété dans mes opinions par plusieurs motifs, c'est pour cette cause que je ne désigne pas mon nom ni ma demeure.

Fait le 2 décembre 1849.

MANUEL
DU SABOTIER

ET

DES TRAVAILLEURS.

PREMIER TRAITÉ.

—

CHAPITRE Iᵉʳ.

—

DE L'UTILITÉ DE LA CHAUSSURE DES SABOTS.

1º L'usage des sabots est indispensable pour les temps froids et humides, pour les endroits humides et boueux, pour les travaux des champs et ceux faits à l'humidité.

Les sabots doivent être faits selon la convenance et l'utilité des personnes qui en font usage.

On distingue donc plusieurs genres de sabots : le sabot des campagnes et celui du travail, le sabot des villes et celui d'élégance ;

2º Celui qui habite les pays boueux et qui tra—

vaille la terre, fera mieux de s'habituer à une paire de sabots à la convenance de son pays ou à la convenance de son métier, que d'avoir des fantaisies de changer souvent de formes de sabots, soit pour la santé, soit pour la facilité de la marche.

Le sabot doit toujours être porté avec des chaussons à la convenance des saisons. Les chaussons doivent être aussi bien lavés que les bas. On doit en avoir plusieurs paires ainsi que des sabots, et il est très utile de laver aussi les sabots en dedans et d'y mettre une petite semelle de paille et de la changer souvent, si on transpire des pieds.

3° Lorsque les sabots sont bien faits avec solidité et bonne confection, on pourra faire facilement 40 kilomètres par jour, sans être plus fatigué qu'avec des souliers.

4° Cependant, c'est ce qui n'arrive pas souvent; mais je vais établir les moyens de pouvoir faire cette fabrication avec sûreté.

Je ferai voir que l'on peut faire des sabots de ville très élégants, qui seront faciles pour marcher et d'une durée généralement bonne, et qui seront dignes de faire la parure de nos beaux messieurs et dames. Cependant il est utile de donner une instruction sur la manière à employer pour être bien chaussé, car il y a des fabricants qui, pour écouler leur ouvrage, conseillent souvent l'achat d'une chaussure qui n'est pas tout-à-fait convenable, comme il y a aussi des acheteurs,

surtout parmi les dames, qui veulent que la chaussure de leurs pieds chausse aussi les caprices de
leur tête.

Car il arrive souvent que des sabots vont très
bien et sont absolument bien à la convenance des
personnes, mais plus on sollicite l'acheteur de les
prendre, plus l'acheteur s'en dégoûte.

5º Pour savoir bien connaître la bonne forme
d'une paire de sabots, quelle que soit leur façon,—
car toutes les façons sont bonnes quand elles sont
bien faites,— il faut que les sabots paraissent petits et néanmoins chaussent un grand pied, qu'ils
soient forts et paraissent minces, qu'ils soient de
bois de quartier sans mauvais nœuds, et faits au
moins de six mois de fabrication. Les nœuds sains
et bien placés sont utiles à la durée des sabots,
mais les nœuds pourris et les gelifures et crasses
de bois sont très préjudiciables, selon où ils sont
placés.

Le noyer est le meilleur des bois pour la durée ;
ensuite l'ormeau et le bouleau, et les gros arbres
sont les meilleurs en général.

Il y a certains terrains marécageux qui font le
bois tendre et spongieux ; d'autres, les terrains
graviers, qui font le bois dur et doublent la durée
des sabots.

Le bois fait bien quelque chose pour la durée,
mais la bonne fabrication fait encore plus ; parce
qu'un sabot bien proportionné, de force égale,
quoique de bois tendre, aura toujours une bonne

durée. Mais un sabot travaillé trop mince à un endroit fera toujours casser le sabot en buttant contre quelque chose ;

6º Sur tout cela, beaucoup d'obstacles occasionnent le débit de tout vendre pour bon. Tout le monde presque voudrait avoir de bon ouvrage et à vil prix et fait dans la dernière perfection.

Mais il faut être raisonnable entre acheteur et vendeur. On sait qu'il y a des sabots qui valent plutôt 2 fr. la paire que d'autres un franc.

Mais cependant le vendeur peut se tromper sur le choix de la qualité, à quelque chose près. Et on doit vendre les sabots presque à prix fixe, selon leur valeur de grandeur et d'ouvrage. Ou si l'on en faisait de deux choix, il faudrait que la paire de sabots, qui se vend un franc, fût alors divisée en 2me choix à 75 c. et à 1 fr. 25 c., ce qui ferait beaucoup d'injustice et donnerait matière à marchander.

7º L'ouvrage des sabots doit être taxé, et son prix actuel doit être augmenté au moins d'un tiers, car, pour vivre de ce métier-là, il faut travailler plus que des chevaux de poste, pendant douze heures par jour, et les chevaux ne galoppent que six heures par jour.

Au reste, une augmentation d'un tiers ne sera pas un préjudice aux consommateurs, car l'ouvrage, en général, sera bien fait correctement et d'une durée de plus du tiers qu'il n'est pas maintenant, en suivant les principes de ma théorie.

CHAPITRE II.

—

**DE LA FABRICATION DES SABOTS ET DE LA VENTE
DES BOIS.**

1º Les sabots doivent se faire selon l'usage des
pays et selon la convenance des travaux profes-
sionnels.

Mais comme la partie du sabot se compose de
six ou huit façons différentes, bien des boutiques,
pour leur intérèt, ne devraient pas entreprendre
la vente et faire la fabrication de toutes les formes dans ceux qui sont trop peu de vente pour
leurs boutiques, parce que cela nécessite des frais
d'emmagasinage, de soins et d'intérèts, et perte
dans l'ouvrage qui ne se vend pas régulièrement;
puis, quand on n'a pas la routine de faire certaine façon de sabots, cela devient coûteux en
dépense de temps et mauvaise réussite pour celui
qui en fait trop peu.

L'ouvrage fait de commande n'est pas avantageux au consommateur et fait une perte d'un cinquième de la façon pour le fabricant, rien que pour s'occuper de la mesure, faire sécher particulièrement les sabots commandés ; donc ceux qui les commandent les supposent, par erreur, meilleurs, et c'est le contraire très souvent.

Les sabots peuvent se traiter en trois convenances d'usage :

1° A l'usage des campagnes :

En sabots couverts, découverts, puis sabots à tige ;

2° A l'usage des villes :

Couverts, découverts, garnis de brides;

3° Le sabot d'élégance :

En toutes formes, enjolivé de sculptures et brides, garniture fourrée pour sabots-baraquettes et pour sabots-souliers, etc.

Les assortiments de différentes formes de sabots pour faire la vente en détail demandent, pour chaque forme de sabots, depuis le petit pied jusqu'au grand, au moins trente paires de sabots d'assortiment de toutes mesures : donc, au fur et à mesure que l'on vend, on doit réassortir, ce qui fait un assortiment, pour huit formes, de 250 paires au moins.

De plus, on serait obligé d'avoir en réserve une provision en magasin pour recompléter les assortiments de toutes les formes, selon les ventes présumables.

4º Savoir faire les sabots à la convenance des consommateurs est une grande chose, pour bien traiter chaque forme de sabots, à sa convenance, de faire un petit pied et être facile à la marche, soient forts en bois et d'une bonne durée.

Quand l'ouvrage est bien fait, il n'a pas besoin de l'éloge du vendeur, l'ouvrage parle, en ne disant rien, et a son mérite de droit. Cependant on peut faire comprendre ce qui est bien d'avec ce qui est mal. C'est pour cela que j'établirai théoriquement l'esprit de la compréhension du métier, qui consiste à savoir faire un sabot fort avec un morceau de bois maigre qui chaussera grand et paraîtra petit au pied.

5º Il y a des gens qui sont très bons ouvriers, mais qui ne valent rien pour être maîtres de boutique, et n'ont point de stimulant pour l'administration des affaires de commerce, même les plus simples, pas seulement pour concevoir le devoir de la pratique de l'ordre de leur ménage, si leurs femmes ne savent pas ou ne peuvent pas les gouverner.

Et d'autres ne sont que de mauvais ouvriers à bûcher l'ouvrage, mais ils sont connaisseurs et ont des stimulants commerciaux, dirigent leur métier le mieux du monde; en remplissant leurs devoirs envers le public et leurs ouvriers, ils font des affaires avantageuses et le public en est satisfait.

Si chacun n'avait pas tant d'amour-propre pour

soi-même et savait se comprendre pour prendre la place qui lui convient, soit d'ouvrier ou d'associé en coalition de sa partie de capacité, avec lequel il. conviendrait sur tous les rapports de commerce, alors tout irait bien.

6° Le commencement du commerce des sabots se fait par l'achat des bois pour sa fabrication.

Chaque pays a l'usage de tel bois, en grande partie pour sa fabrication de sabots, et sa manière de vendre les bois, et d'autres de les acheter.

Mais, dans la Bresse, les sabots se font presque tous en bouleau, qui est un bois très abondant.

Alors l'usage est de vendre les bouleaux et de les vendre sur plante et par cent, à choisir dans le bois que le vendeur désigne à l'acheteur.

Et quand le marché est arrêté, on les marque avec un hachon à marquer son bois, en choisissant les plus gros. Ensuite on les fait abattre et charrier chez soi, à ses frais, et le tout se fait à la bonne foi et souvent avec de longs crédits.

7° Il y a bien des manières de choisir les bouleaux dans les bois ; d'abord, on parcourt le bois en comptant les plus gros et mesurant la circonférence des plus petits avec une ficelle d'un mètre, dont les décimètres sont marqués avec des nœuds.

On examine si les arbres sont longs et gros de dessus, à fine écorce, ou pommier, et grosse écorce, lequel vaut bien moins, à grosseur égale, pour le produit de l'ouvrage souvent d'un quart.

On peut évaluer les bouleaux de telle grosseur de un mètre de circonférence (mesuré à 130 centimètres de terre) qui ont une longueur de 11 mètres de long en bois à pouvoir faire sabot.

Qu'un tel arbre peut faire trois douzaines de sabots ; donc l'arbre, rendu en ville, vaudrait 7 fr. 20 cent.

Alors, lorsqu'on choisit, il faut toujours assembler trois ou quatre bouleaux ensemble, de ceux qui sont les plus près ; on les marque avec une *coche*, on les estime au nombre de douzaines qu'ils feraient ensemble, et on note ce nombre sur son carnet, pour, soit 10 ou 12 ou 14 douzaines 1/2 de sabots, sur les trois ou quatre bouleaux.

Après, on calcule le nombre de bouleaux et le nombre de valeur de douzaines, le montant du prix que ça doit coûter tout compris, rendu en ville ou sur place.

Pour le rendu en ville, on fait la soustraction des voitures et de l'abattage présumé. Si le vendeur ne les veut pas vendre rendus, ce qui ferait, sur 100 bouleaux de la valeur de 720 fr. une diminution d'environ 120 fr. ; resterait 600 fr. le cent de bouleaux à payer au vendeur et 100 fr. au voiturier et 20 fr. au coupeur d'arbres.

Mais, sur cela, il y a, près des villes, des bouleaux qui ne coûtent rien de transport, c'est leur fraîche qui le paye ; alors on les compte pour le surplus de leur valeur de voiturage, comme d'autres coûteraient autant de voiture que d'achat ; cela doit se raisonner : comment on pourrait faire l'exploitation sur place pour en diminuer le voiturage.

8° D'autres pays vendent le bois sabotable au moule, d'autres au pied cube, d'autres au poids.

Le bois vendu au cubage ou acheté en calcul de cubage, selon la valeur de la qualité, est une bonne manière et la plus sûre pour l'acheteur du gros bois.

On doit comprendre que le gros bois vaut bien 30 centimes de plus que le petit bois, par douzaine de paires de sabots marchands.

La douzaine de sabots marchands se comprend assortie de 4 paires de sabots pour homme, 5 pour femme, 3 paires pour deux de fillette, 2 paires pour enfant pour un, ce qui fait en tout quatorze paires de sabots pour douze marchands.

Et la valeur de la douzaine de bois rendu en bonne qualité, se compte 2 fr. 40 la douzaine, ce qui met la paire de sabots à 20 c. en sabots découverts.

Le bois de feu vaudrait, net de frais de vente, environ 40 c. la douzaine ; resterait le bois net à 2 fr. la douzaine.

Et pour des bouleaux qui font, l'un dans l'autre, trois douzaines de sabots qui reviendraient à 7 fr. 20 c. rendus en ville, le marché serait bon comme étant gros bois de bouleau.

9° Le petit bois ne devrait jamais s'acheter presque plus cher que le bois de feu, et en moulage de deux ou trois mètres, à raison du prix du mètre de cubage , dont les moindres morceaux soient d'un décimètre de diamètre au petit bout.

Pour que ce bois ne revienne au plus qu'à 2 fr. la douzaine en ville , car le bois de féu ne rendra pas 30 c. la douzaine.

Le bois de noyer fait six paires de sabots au pied cube, donc 37 décimètres cubes font un pied cube un peu juste, ce qui pèserait environ 50 kil. en bois vert.

Le noyer se compte à raison de 3 fr. la douzaine ; mais la plus parfaite mesure d'acheter et vendre le bois , c'est au poids.

Si une voiture de bois de noyer de 1,000 kil. vaut 30 fr., on porte le bois à 3 c. le kil. du bois vert.

Mais, dans ces sortes de commerce-là, beaucoup d'obstacles arrivent, et on est obligé de faire des marchés en bloc, à perte ou à gain, selon les circonstances où l'on se trouve.

10° Toutes les fois que l'on fait des marchés de bouleaux, on doit se réserver l'époque où l'on en a besoin pour les enlever et les payer , et noter les marchés par écrit double, afin de ne pas avoir de contestations.

Il est dans l'intérêt du vendeur de vendre ses bouleaux abattus à ses frais , et, selon l'usage , de les couper , pour s'assurer que l'acheteur n'en a pas coupés plus qu'il n'en a achetés.

11° Les propriétaires qui veulent conserver leur bois ne devraient jamais vendre leurs bouleaux à choisir.

Ils devraient toujours les faire choisir parmi ceux qui sont trop vieux ou de mauvaise venue, ou qui sont placés dans des endroits trop épais, les faire marquer de leur marteau pour indiquer ceux à vendre.

Parce qu'il y a des bois de mauvaise venue qu'il faut vendre d'abord, et d'autres, de bonne venue, qu'il faut savoir conserver quelques années, selon les pays et les terrains, parce que leur crû vaut plus de 10 et 15 pour cent par année, et que d'autres ne profitent pas du 2 pour cent, à cause de leur mauvaise nature et du mauvais terrain.

Beaucoup de propriétaires font défricher des bois de bouleaux dans la Dombes, par ignorance de leur rapport, car si on faisait un bon calcul, on trouverait qu'une plantation de bouleaux bien faite sur un terrain convenable, pourrait rendre, tous frais comptés, le 10 pour cent au bout de vingt ans ; tandis qu'en faisant défricher les pâturages qui ont des bouleaux, cela ne leur rend plus souvent que le 1 pour cent.

12° Les maîtres sabotiers devraient toujours être associés à deux pour acheter leur provision annuelle de bois à travailler ; cela est convenable sous bien des rapports pour ne pas manquer de bois, ni pour en avoir trop à leur charge, et, si l'un en a plus besoin que l'autre, cela se traite d'avance pour que l'un n'en prenne qu'un tiers et l'autre deux tiers.

On doit toujours prévoir à l'avance, par un calcul brut, fait à l'avance, le bois dont on aura be—soin en bouleaux, pour ne pas en abattre plus que l'on n'en pourra travailler jusqu'à la fin de juillet, car le bouleau s'écuit fortement et c'est un bois qui ne vaut pas moitié pour la consommation lorsqu'il est écuit.

13° L'association est de toute nécessité pour toutes les affaires en général et elle fait l'harmonie professionnelle. Mais cependant trop d'associations, pour des affaires de peu d'importance, font une perte en frais d'embarras, de commerce et de partage : l'extrème en tout ne vaut rien.

Mais si l'on n'est que deux associés, si l'on a des bois à acheter plus que l'on ne peut en travailler dans son année, on tâche d'avoir à en couper pour deux ans, et si ça ne se peut pas, alors on se joint à d'autres en association.

14° Nous savons qu'il y a des bois de forêt qu'il faut quelquefois exploiter sur place, parfois faire des barraques ou travailler dans les granges. Eh bien ! c'est un travail qui se fait en été ; ce sont des marchés qui se font avantageusement pour l'acheteur.

On prend des mesures pour que ce travail puisse se faire au plus en six mois d'été, et on fabrique toujours de la forte marchandise, afin de n'avoir pas à épargner le bois, surtout pour les sabots de campagne.

15° Il est très utile de bien faire attention de faire abattre les bois en lune dure, surtout dans

le printemps ; cela vaut mieux pour la conservation des bois ; on évite les piqûres de vers , et
la fente dans la détente du cœur des billes de
bois que l'on scie pour sabots.

CHAPITRE III.

—

DE LA CONVENANCE DES LOCALITÉS ET DES
INSTRUMENTS.

1° Un maître de boutique en détail ne doit comprendre que l'ouvrage de trois ouvriers, lui compris, lequel pourrait fabriquer annuellement une valeur de 300 douzaines de sabots marchands.

Pour faire une vente en détail dans une ville, il faudrait être bien monté en marchandises et placé dans une bonne rue fréquentée.

Alors, la localité nécessaire demanderait : 1° un atelier de travail bien clair, d'une largeur et longueur d'environ quatre mètres carrés, ou trois sur cinq ; 2° il faut avoir une cour pour déposer les bois et avoir un hangar à pouvoir faire trois tas de bois, si on ne peut pas les faire dans l'atelier ; 3° il faut un magasinage d'une chambre borgne, à pouvoir loger facilement 200 douzaines de sa—

bots, et un grenier pour mettre les débarras et faire sécher les sabots l'hiver, et faire en sorte que les marchandises soient bien rangées et divisées pour leur qualité. 4° Il faut avoir une boutique à part pour la vente du détail et pour emmagasiner les chaussons, brides; puis placer sa banque et les instruments de travail à la convenance du détail. Cette banque devrait être aussi grande que l'atelier et être placée bien à la vue du public.

La vente du détail des sabots doit toujours avoir l'accessoire de la vente des chaussons et brides à sabots; cela est absolument de convenance.

2° Il est toujours de propreté et de bon goût d'avoir un magasin de détail à part de la fabrication, et que sa marchandise soit toujours bien rangée et appropriée, puis assortir au fur et à mesure que les qualités manquent.

Il n'est pas nécessaire d'avoir un luxe extraordinaire, ni d'avoir l'air aimable, mais on doit avoir une politesse franche et une obligeance consciencieuse de cœur et d'action envers le public et sa maison.

Si le local que l'on occupe est d'un prix élevé à cause de sa position, alors on doit prévoir si on peut utiliser son magasin de détail à une vente de marchandises d'été, afin de se dédommager.

Mais, outre cela, il faut encore avoir dans sa boutique les appartements du ménage, qui se composent au moins de deux pièces, et arrière-chambre ou cave pour le service du ménage et selon que sa famille est plus ou moins nombreuse, etc.

1º La fabrication en gros demande, pour un atelier de trente ouvriers environ :

D'abord, un vaste local. Dans un faubourg, on peut avoir de grands appartements et cour, à bon marché.

Composé premièrement d'un atelier clair au rez-de-chaussée, d'environ douze mètres sur douze, pour dix ébaucheurs et dix creuseurs;

2º Une chambre aussi grande pour faire parer dix ouvriers et pour faire noircir;

3º Un emmagasinage borgne, rangé en six cases au moins pour loger 1,200 douzaines de sabots bruts;

4º Un autre de même pour déposer les sabots finis, prêts à vendre, lequel demande une grandeur de 12 mètres carrés, ou des arrière-petites chambres;

5º Pour le commerce des chaussons et brides, il faut une chambre d'emmagasinage à comptoir, d'environ six mètres carrés;

6º Un vaste grenier propre à emmagasiner les sabots l'hiver, et mettre des débarras;

7º Un hangar à pouvoir placer environ douze lots de bois de deux mètres chaque;

8º Une cour à pouvoir déposer trois lots de bois en arbres, à tenir cinquante voitures en tout, et l'emplacement pour scier et fendre le bois.

9º La localité pour le ménage, d'environ huit

personnes, se compose au moins de six pièces et d'une cave.

Ainsi, cela fait de l'emplacement , dont rien n'est de reste, et qui vaut pour mon pays environ mille francs.

10º Les instruments se composent d'abord d'un plot pour ébaucher, d'un banccoche pour creuser, d'un plot de pare.

On devrait toujours bien ranger ces espèces d'établis en bonne enjambure, et que ça ne tienne pas trop de place ; le plot de pare devrait toujours être fait avec une racine de noyer, bien équarrie et bien enjambée, à la convenance, car si c'est bien enjambé, on n'a pas besoin de charger les établis.

Lorsque l'on met un plot de pare dans une boutique de détail, il devrait toujours être fait dans un bon genre, afin de pouvoir parer et creuser dessus sans aucunement gêner et que ce soit propre.

Le reste des instruments se compose de deux chevalets dits chèvre, pour scier le bois , d'un maillet à fendre le bois du poids de 7 kil..; d'une hache à fendre, de 3 kil. ; d'une hache à bûcher , de 2 kil. ; d'une herminette de 1 kil. 1/2; d'un paroir et des petits outils, comme couteau à dériver , burin , racloir, meule à aiguiser, pierre à effiler, lime à affûter, et une petite hache à marquer le bois.

Le creusage exige 12 sortes d'outils : 2 perçoirs, dont l'un de 8 lignes (18 millimètres), l'autre de

11 l. (25 mil.) ; de 6 cuillères, dont une de 8 l. (18 mil.), une de 10 l. (23 mil.), une de 12 l. (28 mil.), une de 14 l. (33 mil.), une de 16 l. (36 mil.), une de 19 l. (43 mil.) , et toutes les branches de 39 centimètres de long , le tout en fer.

Plus, un boutoir de la largeur de 14 l. (33 mil.), et un de 23 l. (47 mil.), une curette de largeur de taillant de 6 l. (12 mil.), et une de 10 l. (23 mil.)

La pare demande un paroir léger , pas trop matériel, de 24 l. (55 mil.), du poids de 2 kil. , avec deux couteaux à déborder et un racloir.

Il est très convenable que chaque ouvrier ait ses principaux outils à lui et sache les aiguiser et les entretenir parfaitement, parce que c'est là le commencement d'un bon travail.

Celui qui sait bien entretenir ses outils sait bien travailler.

Il y a des outils mal faits et mal entretenus qui sont bien menés et font tout de même du bon ouvrage, parce que l'ouvrier est adroit et vigoureux ; mais si l'outil était bien fait , le bon ouvrier aurait encore bien plus de facilité à travailler.

L'habitude est pour beaucoup dans les outils ; car après s'être servi d'un outil mal fait , si l'on en prend un autre bien fait, le commencement est encore gênant.

Beaucoup d'ouvriers veulent faire les sorciers, en voulant faire faire des outils à leur goût , et s'entêtent à s'en servir par orgueil et à leur préjudice réel.

Un outil bien fait et d'un bon taillant, quoique payé double du prix ordinaire, est meilleur marché, qu'un donné pour rien qui n'est pas bien fait et dont il faut toujours se servir, quoique le taillant soit encore bon.

Celui qui est connaisseur peut toujours, avec l'aiguisage, redresser un outil un peu mal fait et le rendre plus aisé.

Mais celui qui ne s'y connaît pas, au lieu de faire du bien à l'outil, y fait souvent du mal.

CHAPITRE IV.

—

DE L'AIGUISAGE, DU SCIAGE ET DU FENDAGE DU BOIS.

Toute instruction doit se démontrer par des principes dégrossis, ensuite par demi-gros, puis après en fin.

Comme on ne doit jamais apprendre à écrire en fin avant d'avoir écrit en gros.

1° Comme je viens de le dire dans mon dernier chapitre sur la composition des outils de sabotier, l'affûtage du passe-partout se fait lorsque l'on voit les dents un peu émouchées à la pointe, et lorsqu'un passe-partout sert au bois, il faut bien voir si la lame est pliée ou voilée, pour la redresser convenablement avec une mailloche de bois sur une bille de bois grosse, sciée bien droite.

Il ne faut jamais trop donner de chemin, et toujours bien égaliser les dents de même hauteur et de même force du passe-partout.

Le chemin à donner est souvent un coup d'œil particulier, mais, pour s'assurer de l'égalité, on peut prendre une petite règle et même deux que l'on joint de côté, et l'on examine bien si la touche est égale des dents de dessus, on peut faire la même chose avec la règle pour voir si elles sont toutes à la même largeur.

Les meilleurs passe-partout sont ceux qui font bien ressort en les cintrant et dont la lame est bien égale dans toute l'épaisseur.

Quand on le lime, il faut toujours faire les dents en biseau un peu coupant, en leur conservant un large pied ; les dents pointues en forme de clous ne sont pas convenables. Cependant, selon certains passe-partout de grosse qualité, et pour certains bois, il y a des convenances différentes pour l'affût.

Les limes plates et fines sont les plus convenables.

Quand on lime, il faut mener la lime très-droite et arriver juste à la pointe de la dent sans faire un gros fil, et bien faire attention que le coup de lime soit tout fait de la même pente. On doit aussi lever le fil du limage très légèrement à toutes les dents.

2° Quand on scie, il faut bien placer ses pieds selon la nécessité de la pose du passe-partout, selon le coup-d'œil donné à l'arbre, et, en commençant, il faut aller doucement, afin de ne pas faire serrer le passe-partout.

Pour les petits bois, les passe-partout à arc sont très convenables.

3° Le maillet à fendre le bois, de 7 kil., d'un bois dur, bien emmanché avec un plançon en chêne, est de la meilleure convenance.

Pour avoir moins de peine et mieux avancer, en frappant du maillet, on devrait toujours s'exercer doucement en bien mesurant ses coups, afin de les rendre secs.

Cela se fait en levant le maillet, en faisant arriver le manche en ligne droite de son nez comme un cierge, en le levant très-haut et l'abattant toujours bien droit et d'aplomb en glissant la main ; le coup se trouve sec et un bon en vaut dix mauvais.

4° La hache à fendre doit être forte et haute de tète, toujours bien emmanchée en bon bois et le manche long et plat de 20 centimètres.

L'affût doit être gros et on doit toujours fendre sur un plot planté en terre.

Lorsque l'on fend du petit bois, on est toujours obligé de fendre au cœur, et si on veut tout utiliser le bois, il faut fendre les nœuds ou les laisser dans une position qui ne gêne pas au sabot, si on les présume sains.

Pour bien partager un nœud de bille de bois, il faut mettre la bille à l'envers et mettre la hache sur le cœur du nœud et de la bille.

5º Un morceau de bois rondin de 6 pouces (17 centimètres) de diamètre peut faire une forte paire de sabots découverts de femme de 9 p. (25 centimètres) et de creuse dans une longueur de bois de 10 p. 1/2 (29 centimètres).

Pour l'épaisseur ordinaire d'un sabot de femme il faut 3 p. (8 c. 1/2), et pour la largeur 4 p. (11 c).

Pour les sabots d'homme de longueur de 10 p. (28 c.) de creuse, l'épaisseur serait de 4 p. (11 cent.) et la largeur de 4 p. 3/4 (13 c.) le bois d'un seul sabot.

Le sabot couvert-botte, pour homme, même longueur ; l'épaisseur est de 5 p 1/2 (15 c. 1/2), la largeur 4 p. 3/4 (13 c.)

Mais celui qui sait bien placer son bois, selon meilleure portée, fera un sabot fort d'un morceau de bois maigre; donc ceux qui ne savent pas font des sabots maigres avec des morceaux de bois fort.

6º Lorsque l'on fend du gros bois, il est très convenable de tracer les billes pour l'épaisseur et la largeur des sabots que l'on veut faire, selon la longueur de la bille.

On doit toujours bien examiner les crasses et les gélifures qui peuvent se trouver dans le bois, afin de fendre dedans.

On peut observer que le bois de noyer peut se fendre plus juste que l'autre bois, parce qu'en le travaillant il se remplit mieux à la main.

7º L'aiguisage, soit à meule tournante, soit au burin, n'est toujours que pour dresser et dégrossir un biseau de taillant et lorsque le taillant n'a point de brèche, on ne doit pas faire arriver du fil au biseau, on doit arriver juste sur le tranchant du taillant, mais c'est seulement quand le taillant est ébrèché que l'on doit égaliser le taillant sur la meule en ligne droite, ou que les outils sont bossus; mais quand les outils sont bien entretenus, on doit toujours affûter avec un burin.

Pour connaître un bon taillant, il faut voir si en le burinant il coupe bien au burin. En faisant des frisons, cela indique un bon taillant; mais si le taillant fait la limaille en burinant, le taillant ne sera pas ardent et ne sera pas bon. Quelquefois les taillants très durs sont très bons et ne peuvent pas se buriner, comme d'autres fois ils s'égrènent et se cassent.

8° Lorsque l'on burine un outil, il faut faire couper le burin comme si c'était un couteau et ne pas racler, et on le fait couper souvent en sens opposé, afin de ne pas faire des crochets au taillant.

Les bons burins sont très rares; il faut qu'ils soient d'excellente qualité de lime, et toujours très bien aiguisés, parce que, quand ils ne coupent pas bien, l'affût que l'on fait ne vaut rien.

Les cuillères sont les plus convenables à affûter au burin; les grosses meules ne sont bonnes que pour redresser les outils qui sont parfois bossés.

On a aussi de petites meules tournantes, grosses comme un œuf, pour aiguiser en dedans, ce qui fait un joli aiguisage et avantageux pour le travail.

Mais cela demande un savoir particulier dans ce genre d'aiguisage à petite meule sur tour volant. Cela devrait être une partie du travail d'un sabotier qui a du stimulant à l'aiguisage, parce que les outils ayant besoin d'être redressés, un sabotier peut mieux s'y connaître qu'un aiguiseur ordinaire.

9º Lorsque le burinage d'outils est fait, on passe une pierre affiloir de Lorraine, d'un grain fin, sans veines et mordante, dressée convenablement pour les outils de creuse. Ces pierres-là doivent encore s'affûter sur les grosses meules pour les dresser et les décrasser.

Passer la pierre sur un outil, soit pour affiler le taillant, soit pour lever le fil produit par l'aiguisage du burin ou des meules, c'est la seule utilité de la pierre affiloir.

Mais il y a des principes à pratiquer : on doit la passer, cette pierre, comme si on limait d'une main et appuyait en tirant sur le taillant. Si on lève le fil, on la passe un peu de court sans arrondir le taillant ; et, quand le fil est levé, il faut donner un petit coup en surplus très-allongé sur le taillant, afin de l'affiler très-finement.

Il y a certains taillants qui sont un peu différents à affûter, soit à cause de leur dureté ou de leur tendresse, cela doit se raisonner pour la convenance d'affût du travail.

10º On ne doit pas être paresseux pour aiguiser, car qui affûte fauche, et lorsqu'on pratique cela avec goût, alors l'adresse arrive et l'affût devient sûr.

Car, on peut bien s'attendre que, quand on commence à affûter, on ne réussira pas à faire du premier coup un affût sûr, et que le travail de l'affût est ennuyeux quand on ne sait pas ; mais que cela ne vous dégoûte pas, et faites-le sans vous presser et avec patience, c'est le plus sûr moyen de prendre de bons principes ; donnez-vous garde des mauvais principes, parce que celui qui ne sait rien est plus savant que celui qui sait quelque chose de travers.

Parce que pour apprendre à bien faire, lorsqu'on a l'habitude de faire de travers, il faut combattre cette habitude et apprendre le bon principe, ce qui fait double peine.

CHAPITRE V.

—

DE L'ÉBAUCHAGE DU SABOT.

1º Lorsque l'on commence à ébaucher, on doit
étudier ce que doit avoir de grosseur un sabot de
telle grandeur et de telle forme. Alors, pour s'assurer de la dimension que doit avoir un sabot de
telle forme selon sa longueur, il faut le mesurer
avec un compas de proportion aux endroits les
plus nécessaires à la largeur et à l'épaisseur, et,
pour la couverture, on mesure depuis le dessus
du collet jusqu'au bout du nez. Et on raisonne
que, avec telle grosseur de bois, on doit faire un sabot de telle longueur de creuse, bien plein de bois,
laissant des témoins de fine marque de fautes et
de marques d'écorce surtout à un sabot de chaque paire, pour prouver que le sabot est fort sans
perte de bois.

On sait bien qu'il faut des sabots de différentes largeurs et grosseurs, mais néanmoins on doit admettre une mesure moyenne.

2º Voilà comment je désigne les dimensions de sabots verts en mesures moyennes dégrossies :

DÉSIGNATION.	MESURE DE CREUSE.	LONGUEUR DU BOIS.	LARGEUR EXTÉRIEURE.	ÉPAISSEUR.	COUVERTURE.
Sabots découverts pʳ enfants.	5 pouces ou 14 centimè.	6 pouces ou 17 centimè.	2 p. 4 lig. ou 6 cent.	1 p. 7 lig. ou 45 millim.	2 p. 4 lig. - ou 6 cent.
Fillettes.	8 pouces ou 22 c. 5 m.	9 p. 4 lig. ou 26 cent.	3 p. 5 lig. ou 9 cent.	2 p. 6 lig. ou 7 cent.	3 p. 6 lig. ou 9 c. 2 m.
Femmes.	9 pouces ou 25 cent.	10 p. 5 lig. ou 29 cent.	3 p. 10 lig. ou 10 c. 7 m.	2 p. 9 lig. ou 8 cent.	3 p. 9 c. ou 10 c. 5 m.
Hommes.	10 pouces ou 27 c. 5 m.	11 p. 9 lig. ou 32 cent.	4 p. 6 lig. ou 12 c. 6 m.	3 p. 7 lig. ou 9 c. 5 mill.	4 p. 10 lig. ou 13 c. 3 m.

FORME DE SABOTS-BARAQUETTES.

DÉSIGNATION.	MESURE DE CREUSE.	LONGUEUR DU BOIS.	LARGEUR EXTÉRIEURE.	ÉPAISSEUR.	COUVERTURE.
Femmes.	9 pouces ou 25 centim.	10 p. 5 lig. ou 29 cent.	9 p. 3 lig. ou 10 c. 5 m.	2 p. 5 lig. ou 6 c. 8 m.	3 p. 5 lig. ou 9 centim.

FORME DE SABOTS-SOULIERS.

DÉSIGNATION.	MESURE DE CREUSE.	LONGUEUR DU BOIS.	LARGEUR EXTÉRIEURE.	ÉPAISSEUR.	COUVERTURE.
Femmes.	9 pouces ou 25 centim.	10 p. 2 lig. ou 28 centim.	3 p. 1 lig. ou 8 c. 5 m.	2 p. 4 lig. ou 6 c. 5 m.	2 p. 3 lig. ou 6 c. 3 m.

FORME DE SABOTS COUVERTS-BOTTES.

DÉSIGNATION.	MESURE DE CREUSE.	LONGUEUR DU BOIS.	LARGEUR EXTÉRIEURE.	ÉPAISSEUR.	COUVERTURE.
Hommes.	10 pouces ou 27 c. 5 m.	11 p. 9 lig. ou 32 cent.	4 p. 6 lig. ou 12 c. 6 m.	5 p. 4 lig. ou 15 cent.	6 p. 6 lig. ou 18 centim.

POIDS DU BOIS DES SABOTS EN BOULEAU VERT.

Découverts pour enfants.	6 pouces ou 17 cent.	En bois brut, pèsent	2 kil. 50
Femmes.	9 pouces ou 25 centim.	Id.	8 » 50
Hommes.	11 pouces ou 31 cent.	Sabots-Bottes, bois brut	24 » »
Enfants découverts.	17 cent.	taillés, dégrossis.	1 » 25
Id.		quand elle est creusée verte.	4 » 40
Femmes.	25 cent.	Taillée, dégrossie	2 » 50
Id.		quand elle est creusée verte.	1 » »

Une corbeille de bois d'ételles de 30 centimes, pèse. . . . 24 » »

Une tête de bouleau de 30 centimes . . . . 30 » »

3º Voilà, de gros en gros, une manière de se justifier sur toutes les dimensions. Mais, pour les mesures extraordinaires, comme pieds très-larges de devant, et très-étroits et maigres au flanc du talon, d'autres très-larges de derrière et hauts de coude-pied, le pied court et étroit du bout, etc., etc., cela doit se raisonner en mesure supérieure, parce que pour les sabots on ne peut pas prendre des mesures comme les cordonniers, sous plusieurs rapports.

On voit souvent des ouvriers faisant des sabots sur mesure, se tromper matériellement, et faire un chapelet d'objections incompréhensibles, qui fait bien aller le sabot un moment dans la tête, mais non au pied. Alors par mon problème on pourra se condamner soi-même.

Lorsqu'un ouvrier est au courant, on n'a pas besoin de ces mesures, surtout ceux qui sont adroits et vigoureux. Mais ne nous fions pas tant à nous-mêmes, car il arrive souvent que l'on se perd dans le courant de l'ouvrage, soit en trop étroit ou trop large, trop découvert, mesurons toujours de temps en temps, et nous serons sûrs que notre ouvrage sera correct.

4º L'ébauchage de la hache demande principalement l'exercice de ce travail, et lorsque l'on commence à bûcher, il faut aller très-doucement, assurer ses coups, les compter, les raisonner, parce que plus on y met de patience, plus on avance et l'on fait mieux à l'avenir.

Et lorsque l'on s'est bien familiarisé avec l'outil et qu'on comprend la théorie, idéologiquement l'ouvrage va tout seul.

5º Lorsque vous bûchez, il ne faut pas que votre hache soit trop piquante au bois, c'est un abus de beaucoup d'ouvriers d'aiguiser leur hache en creusant le dedans du taillant pour le faire piquer au bois; c'est une erreur, il faut un biseau convenable à bien faire partir le copeau.

Lorsque l'on commence à bûcher, c'est par l'équarrissage des quartiers de bois de sabot, en sortant les nœuds écorce et dressant les courbes, pour réduire le quartier en forme de pain long, mais en commençant toujours à dresser le dessus du quartier pour faire la fouillée des sabots dans sa plus économique dressure.

Pour les sabots découverts, on doit équarrir les gros quartiers à six coups marqués par les côtés suivis d'un bout à l'autre, surtout quand on commence à travailler, et bien se réserver le ménagement des endroits maigres du quartier, afin que la marque de la faute du bois et de l'écorce puisse toujours être visible un peu jusqu'à la dernière façon du sabot.

Ensuite, on assemble autant que possible ensemble les quartiers de même grosseur et longueur, pour faire telle forme de sabots ; et, pour les sabots découverts, il faut toujours mettre le haut du quartier au talon, en prévoyant le bois nécessaire à la longueur du devant.

6° Il ne faut pas craindre la peine pour savoir purger un quartier de bois de sabots en le bûchant et y apercevant soit une gélifure, une crasse, un nœud, etc. ; eh bien ! c'est par-là que l'on commence à bûcher pour en voir le résultat, si c'est nécessaire d'y sortir ou d'y pouvoir placer dans le sabot, sans que cela lui porte préjudice.

Si, en dégrossissant un sabot, on découvre une crasse très-douteuse d'être mauvaise, il faut s'en assurer de suite et ne pas attendre que le sabot soit tout fait pour le casser ; il vaut mieux perdre pour 10 cent. de bois qu'un sabot tout fait qui nuira à la vente de la paire de sabots quand ils seront faits ; vouloir épargner le bois, c'est une duperie de travail.

7° Pour commencer à former le sabot avec la

hache, on commence par le nez, en deux coups de chaque côté et un coup par-dessous le bout de la fouillée.

Il faut mener le sabot à six coups : deux de chaque côté et deux dessus, qui se suivent d'un bout à l'autre du sabot ; l'on dresse les à-côtés du talon et le derrière du talon de marche ; ensuite on fait la coche du talon, et, après, la gorge de l'entrée du sabot découvert.

Ensuite on passe l'herminette principalement par-dessus la coche de la fouillée et l'entrée de la gorge dans les sabots découverts, et il est très-convenable de passer l'herminette sur tous les sabots, surtout quand on commence à travailler, en faisant bien suivre également ses coups.

Mais c'est principalement pour les sabots couverts que l'herminette est le plus utile ; et les herminettes les mieux faites sont celles à la façon des sabotiers de la Bresse.

Quand on commence à travailler, il faut prendre de bonnes habitudes et ne pas se presser, parce que s'il faut se défaire plus tard des mauvaises habitudes, c'est beaucoup de peine et quelquefois impossible.

8° Le dégrossissage se fait avec un gros paroir qui demande une main exercée pour le faire couper à volonté ; mais, en commençant, il est très-convenable de le faire aller en riflant à petits coups, tenant le sabot raide sur l'établi et tâchant toujours de couper le bois un peu en travers.

En commençant le dégrossissage d'un sabot, on dresse d'abord la fouillée de dessous et le dedans de la gorge pour bien égaliser les épaisseurs des côtés de la coche du sabot, après on arrondit le collet et les à-côtés du devant du sabot en riflant avec le paroir et aux deux sabots de la paire.

Ensuite, on passe un gros dégrossissage de neuf coups tous égaux et suivis en commençant par le plus maigre des sabots, en faisant le talon de derrière le premier.

Ensuite, on fait le second dégrossissage en douze coups, toujours en faisant le talon le premier, puis le devant du sabot par les à-côtés, donc on passe quatre coups de chaque côté et quatre par-dessous, tous dans la même égalité.

Après, on fait le talon à marcher, en commençant par donner un coup droit au milieu et faisant ceux de côté égaux d'un côté comme de l'autre, puis on dresse les à-côtés du sabot toujours en faisant suivre les coups qui viennent du devant du sabot, et faisant en sorte qu'il y ait toujours une cambrure convenable au sabot avec une hauteur sensible du côté du gros orteil.

Après, on visite s'il y a des incorrections, puis on égalise et on redresse pour composer la ressemblance des deux sabots.

On doit toujours dégrossir en riflant et à petits coups pour le devant du sabot; il y a manière de poser le sabot et de le tenir sur l'établi de dégrossissage dans le but de faire couper l'outil toujours

en travers pour pouvoir bien remplir le devant
d'un sabot, vers le nez, on doit faire filer ses
coups par-dessous le nez en commençant de dessus le collet.

Et lorsque la paire de sabots est dégrossie, on
la calibre avec le compas de proportion pour voir
si les sabots sont égaux.

Toutes les formes de sabots ont un genre particulier un peu différent pour les travailler, soit en
les bûchant, soit en les dégrossissant, parce que
de la forme du sabot–soulier au sabot–botte, la différence est extrême : cela se comprend par la pratique de l'ouvrage.

CHAPITRE VI.

—

DU CREUSAGE DE SABOTS.

1° Les sabots découverts se creusent généralement par paires de sabots encochés ensemble à un établi, mais les coches dont nous nous servons ne sont pas faites avec assez de régularité, car nous devrions établir un bon procédé pour que les sabots soient serrés aux établis par des vis, en procédé simple et solide.

Il faut toujours que les coches soient placées au clair devant la croisée, que la coche soit basse selon la grandeur de l'ouvrier ; les sabots encochés doivent toujours être renversés fortement pour bien découvrir le jour de dedans le sabot, et le bois s'arrache mieux lorsqu'on en a l'habitude ; il n'y a seulement que pour butoirer le talon que cela peut occasionner un peu plus de peine.

Lorsque l'on creuse du noyer ou bois noir, il faut que les coches soient placées à rebours du jour ou un peu en travers pour y voir clair et ne pas percer les sabots.

2º Le commencement de la creuse du sabot découvert, pour femme, se fait en apprenant à tâtonner la gorge du talon des sabots, en faisant une espèce de mortoir avec les cuillères par un trou devant très - élargi en travers et un autre vers le talon très-reculé par-dessous , d'une proportion légale, dont on fait, après cela, sauter l'autre bois avec le taillant de la cuillère et en évasant les bords du sabot, en grugeant de chaque côté.

Le maniement de la cuillère, pour tâtonner avantageusement, c'est de faire tourner la cuillère à demi-tour, dans le but que le dos de la cuillère soit toujours derrière le talon en faisant tout le trou à sa profondeur.

Par ce moyen-là, on arrive à faire le trou du talon entièrement reculé et avec peu de peine et ça avance beaucoup, et on ne doit jamais reculer un sabot qu'en passant le manche de la cuillère sur le cou pour la faire couper.

On doit toujours bien vider le tâtonnage avant que d'entreprendre le creusage de devant le sabot.

3º Quand on sait suffisamment faire cela , on commence à creuser le devant du sabot, par un trou que l'on fait avec un perçoir ; en le faisant bien aller droit vers le bout du sabot, en appuyant fort la branche du perçoir en perçant sur le talon pour que le trou ne descende pas trop bas, malgré que l'on doive laisser au moins 3 centimètres de force de bois au bout du sabot.

Ensuite, on prend une cuillère convenable, un peu usée, pour abouter ; on la passe dans le trou pour abouter le sabot à sa longueur directe, en laissant une force de deux centimètres de bout.

L'aboutement du sabot est l'ouvrage le plus délicat de la creuse ; pour savoir bien relever un sabot sur l'endroit du gros orteil et partager le bois à la convenance de la force dessous et dessus, cela est à apprécier.

L'aboutage se fait toujours en allongeant un peu le sabot, en appuyant la branche de la cuillère sur le bois du talon, en poussant par une main placée au milieu du manche, et l'autre, en tirant à so par l'autre main placée au bout du manche, toujours en piquant dessus le nez des sabots.

4° Après, on raisonne l'égalité des deux sabots, et on gruge le dedans du sabot avec une cuillère un peu plus grosse, en creusant de chaque côté du sabot, un grand élargissement bien décoquillé comme une coquille d'écrevisse ; cela doit se faire entièrement avant de sortir le bois de la gorge que je nomme la *saute*, laquelle on ne doit faire sortir que quand le sabot est bien grugé dessus et dessous, proportionnellement et en gros coups de cuillère suivis.

Quand on a bien fait cela, on enlève la *saute* en élargissant le trou de chaque côté et par-dessus le collet, en arrondissant le bord du collet en bord de cloche en dedans, bien d'une force égale, dans le but de bien partager le bois en force convenable dessus et dessous.

Si le sabot a un défaut d'ébauchage, il faut savoir égaliser sa creuse à la convenance, sans trop endommager le sabot en forçant sur la flache.

5° Cet ouvrage fait comprend la moitié de la creuse du sabot de la sortie du gros bois. Après on prend le buttoir pour rabotter le dedans de la talonnière que l'on dresse et unit très-adroitement jusqu'à la foulée du pied.

Ensuite, on prend la curette pour finir de rifler, en riflant à droite et à gauche les bosses de la foulée du sabot. Ensuite, on prend une cuillère de grandeur à ramasser les coups, en commençani par faire le talon et les à-côtés, puis arrondir correctement le bord de la gorge et faire bien proportionné en suivant au fond du sabot, en riflant les bosses de dessus le collet et des à-côtés, en conservant une bonne force égale aux sabots.

6° Chaque sabot a sa forme nécessaire de tournure de creuse ; pour le sabot découvert ordinaire, sa creuse doit être un peu platte, très-peu rélevée du bout ; le sabot à soulier a besoin d'avoir une creuse très en bateau, et butoiré très-carrément et creusé carrément du bout, afin que le talon du soulier étant chaussé puisse porter principalement sur les deux bouts du sabot, cela fait que le sabot, étant chaussé avec ses brides, tient bien au pied et facilite la marche.

La creuse du sabot couvert doit toujours être bien formée par-dessous la foulée d'une manière très-égale, en bois partagé de force, et toujours en relevant du bout de la plante des pieds.

Toute creuse doit être faite par force proportionnée de bois dessus le collet comme partout, sous le rapport de la durée et de l'aisance des sabots, car un sabot mince d'empeigne et fort de foulée est difficile à marcher, ressemblant à une grolle au pied ; de plus, il est susceptible de se casser dessus dès les premiers jours qu'on le chaussera.

7° Lorsque l'on creuse des sabots couverts, il faut prendre l'habitude de bien gruger le dedans par la cuillère, en faisant porter la branche sur la *saute* pour arracher le bois, en basculant la coupe de bois nécessaire à sortir, ce qui se fait avec peu de peine, car différemment, en arrachant le bois avec la serre de la main, cela est pénible et retarde.

Il y a encore une manière de moins se fatiguer pour arracher le gros bois de dessus le coude-pied des sabots-bottes et des sabots découverts d'homme, c'est de passer le manche de la cuillère sur ses reins, tenir la branche de l'outil d'une main et le bout du manche de l'autre main, cela est facile à faire jouer l'outil pour arracher le bois presque sans peine.

De même que pour bien reculer proprement une

talonnière, c'est en faisant passer le manche de la cuillère sur le cou, en tenant d'une main les branches de l'outil, et de l'autre main le bout du manche que l'on fait agir pour couper le bois qui est nécessaire à sortir pour voir le sabot.

Un bon creuseur ne doit pas avoir un grand nombre d'outils, ni ne doit prendre l'habitude de toujours les changer en creusant, que lorsque c'est très-utile.

8° Quand la paire de sabots est creusée, on doit avoir une petite percerette sans vis et de la ficelle un peu cirée pour les attacher ensemble ; en faisant les trous d'attache très-égaux de place et bien vers le talon, en faisant un nœud bouclé franc, afin que l'on puisse toujours faire servir la ficelle en la dénouant pour le parage des sabots.

On prendra soin de ne pas laisser les sabots tout frais creusés trop longtemps au courant d'air ; il faut les emmagasiner dans des endroits très-ombrés et sans air, surtout en été.

CHAPITRE VII.

—

DU PARAGE.

1° Le parage n'est que pour donner une enjolivure de grâce aux sabots ; ce qui se fait avec un instrument dit paroir et deux petits couteaux à dériver, puis une raclette.

La convenance du parage doit toujours se faire sur les sabots secs d'un mois au moins d'été et de trois mois d'hiver, parce que si l'on pare les sabots verts, ils sont sujets à se déformer en séchant ; car, sans cela, il y aurait avantage d'un quart à parer les sabots verts au lieu des secs.

Pour bien parer un sabot, c'est de faire d'une paire de sabots bruts, mal faits, une jolie paire de sabots, sans la mettre trop mince en lui donnant une tournure à ne pas paraître grands.

Pour cela, il faut avoir l'idéologie et l'adresse du maniement des outils.

Les sabots de forêt se parent tout verts parce que la façon est à vil prix ; il y a, malgré cela, quelquefois des sabots très-bien faits, commodes à la marche et très-bons ; mais aussi il y en a de bien mauvais et de vilains.

2º Le commencement de la pare se fait en commençant à dresser la foulée, le talon, couper la gorge et égaliser les bords du sabot au collet et les talons.

Si les sabots ne sont pas bien égaux on les redresse en les dégrossissant pour les égaliser de ressemblance. Quand on dresse la foulée et les talons, il faut bien faire en sorte que les talons soient toujours portés en dehors du pied pour la conservation de l'usure qui se porte presque toujours en dehors du pied.

Après cela on fait la pare en commençant par le devant du sabot et en suivant également tous ses coups, en prenant bien sur le bord du collet et du fil du bois. Il faut toujours faire suivre ses coups et ne pas les mener longs mais courts, en les reprenant tant que possible, c'est le moyen de mieux arrondir en plein un sabot.

Ce n'est pas de parer bien fin et de bien polir un sabot, que c'est savoir bien parer un sabot.

La belle pare se comprend facilement et principalement dans la tournure, dans la correction et l'égalité de la paire de sabots, d'une manière propre et nette. Jusqu'à même que si un sabot est flacheux, il faut que son pareil lui ressemble un peu.

A l'égard des façons de sabots, elles sont toutes bonnes quand elles sont bien faites, et les principes généraux pour toute forme de sabots sont que le sabot paraisse petit et chausse grand, soit fort, un peu couvert, aille bien au pied et soit trèsléger.

Cela est difficile pour celui qui n'est pas ouvrier fini, mais, pour le parfait ouvrier, cela peut se faire à son point définitif.

Ce n'est pas celui qui sait faire une belle sculpture sur un sabot, et même une seule paire de sabots bien faits, qui est ouvrier fini.

Non, c'est celui qui sait faire tout son ouvrage toujours bien, avec sûreté de dimension.

On voit souvent des conscrits d'ouvriers qui font les fanfarons pour avoir réussi dans la façon d'une enjolivure de sabots, et qui sont de très petits ouvriers.

Pour bien juger d'un ouvrier, il faut voir tout son ouvrage d'au moins quinze jours, la qualité et le nombre.

5° Une infinité d'ouvriers se critiquent sur leur ouvrage, sans savoir ce qui est bien et ce qui est mal, chacun veut faire valoir sa façon, et ce sont souvent les plus blagueurs qui se font passer pour les meilleurs là où ils sont les moins bons aux yeux du vrai principe.

Je sais bien que les façons sont obligatoires pour les ouvriers mobiles qui voyagent, il faut avoir à changer de forme selon l'usage du pays, mais pour un bon ouvrier cela n'est rien, les moins bons font toujours des objections.

Mais, quand on commence à parer, on devrait toujours avoir des sabots bien dégrossis, afin qu'il n'y ait qu'à abattre les coups en faisant la pare.

Le raclage du sabot bien fait se fait aussi toujours en suivant ses coups, et on peut dresser même un sabot en le raclant bien comme il faut.

6º Dans le sabot couvert bottes, il y a manière de passer son sabot sur le banc à parer, on doit mener ses coups de court, c'est le moyen de donner une jolie façon.

On commencera toujours par l'empeigne en faisant bien le bord de la gorge dessus et dedans, après en prenant ses coups égaux, en commençant par l'empeigne pour la pare, en faisant bien suivre ses coups, et on les reprendra jusqu'au bout en deux ou trois fois, en faisant bien attention que le nez soit bien au milieu du sabot et en ligne droite de la hauteur du coude-pied et du talon, de manière que tout cela ne fasse qu'une espèce de droiture pour la paire de sabots.

Quand on a paré les à côtés du sabot, il faut faire le dessus du talon bien rond en faisant bien arriver ses coups de paroir derrière, et en laissant le derrière du talon un peu pommé.

Après on fait le talon de marche en commençant le premier coup de pare par le milieu du sabot, en ménageant bien la creuse du talon.

7º L'achèvement de la pare se fait toujours avec

le couteau à dériver, soit pour la régularité des bords du talon et du nez, et le racloir finit le polissage. Mais c'est toujours la façon du nez qui répare le plus le sabot, c'est pour cela qu'en parant on doit toujours faire filer ses coups de paroir en tournant un peu par dessous, ce qui donne une espèce de dégageure, même en laissant le dessous de la foulée large.

CHAPITRE VIII.

—

DU PLISSAGE, NOIRCISSAGE ET FUMAGE DES SABOTS.

Le Plissage.

1º Cette dernière façon n'est qu'un supplément d'enjolivure au sabot qui doit être d'une force convenable de bois sur l'empeigne.

Cet ouvrage se fait avec un tracé mesuré, ou un petit patron pour y faire des gravures sculptées, ce qui se fait avec un couteau à dériver dont on découpe les plis, et avec de petits ciseaux à graver que l'on exerce avec beaucoup de précaution et d'égalité de dimension, à différentes imitations.

Mais les plus belles façons d'enjolivures de sabot sont une imitation du sabot au soulier, et faire en sorte que le sabot ne paraisse pas trop grand et soit assez fort et large.

C'est là la supériorité de la science du sabotier.

2º C'est quand on peut dire : je convertirai ce morceau de bois en une chaussure élégante qui, mise à un vilain pied, le rendra joli et sera facile et commode pour la marche.

Ceci est d'un génie sublime qui mérite considération.

Un habile cordonnier fera une belle paire de souliers entièrement bien traitée selon un vilain pied, mais, à l'usage de la marche, le vilain pied composera le soulier vilain, selon le pied. Ce qui n'aura pas lieu pour le joli sabot.

3º Tout ouvrage qui a un juste mérite, est celui qui se raisonne en une multitude de travail élégant et scientifique de talent entièrement compliqué.

L'ouvrage d'enjolivure par mécanique n'est qu'une beauté artificielle qui a bien aussi une belle composition.

Mais l'appréciation ne doit pas avoir une considération de valeur de génie sur l'ouvrage manuel.

De même qu'est l'or avec le cuivre, la valeur en fait le mérite et non l'apparence. C'est ainsi que d'après l'esprit du vrai génie, l'ouvrage sera sans fin par sa multiplication d'enjolivures manuelles et par la dépréciation des ouvrages mécaniques aux parures des personnes riches. — Parce que c'est l'appréciation que l'on doit admirer dans un ouvrage et non la ressemblance artificielle faite par un moulage mécanique.

Le Noircissage.

4⁰ Le noircissage à sabot se faisait autrefois avec du noir à fumée et du vernis à l'esprit de vin que l'on peignait en deux couches.

Actuellement nous faisons le noir à la cire qui demande un double travail de noircissage.

Pour une marmite de 20 litres d'eau, on met 1 kil. de bois d'inde, 50 décagr. de noix de galle, 50 de couperose et 25 de gomme du Sénégal.

Lequel on fait bouillir à feu suivi pendant deux heures, jusqu'à ce que ce soit réduit d'un quart.

Ensuite, on tire le noir au clair, tout ce qu'il y a, et en le passant bien.

Ensuite, on reprend le marre que l'on fait bouillir dans la même marmite, en y mettant les trois quarts d'eau et on fait bouillir fortement pendant une heure.

Alors on retire tout le clair du noir que l'on met avec le premier fait.

Celui qui veut faire de l'économie peut refaire bouillir le reste pour faire de l'eau bonne à d'autres fabrications de noir.

5⁰ Pour faire le cortique, on met dans un grand plat un litre d'eau et 50 décagrammes de cire jaune que l'on fait fondre doucemeut en bien remuant ; et lorsqu'il est prêt à bouillir on y met 12 décagrammes de sel de tartre en poudre dessus, en sortant la casserole de dessus les charbons, en remuant le tout très-rapidement jusqu'à ce que ce soit froid.

Et pour activer à le faire refroidir, on met la casserole baigner dans de l'eau froide.

Néanmoins, il y a différentes manières de faire le noir, soit avec la rouille au vinaigre et à la noix de galle, lequel est aussi bon quand il est bien fait, mais la dépense est la même, plus le noir est fait d'avance et aussi le cortique, mieux ça vaut.

6° Pour noircir, on devrait bien mettre plus de soin que l'on ne fait, et payer cet ouvrage un prix plus élevé pour que l'on ne soit pas obligé de capouiller les sabots en noircissant au galop.

Ce qui déprécie souvent l'ouvrage des plus jolis sabots faits avec tant de soin et que l'on voit tout tachés et sales de noircissage.

Je dis donc que les sabots devraient être noircis au noir très-foncé et peints très-juste sous le bord de la foulée et dans les bords de la gorge sans tache dessous et dedans.

Pour noircir, on se sert d'un gros pinceau de poils très-fins, et le pot de noir doit être une espèce de casserole dans laquelle on puisse en mettre demi-litre chaque fois que l'on noircit, en ne remplissant pas trop le pinceau de noir.

7° Dans l'été, après six heures, on peut passer la seconde couche de ce cortique au noir, lequel se fait en prenant un morceau de cortique jaune de la grosseur d'un œuf avec autant de noir que l'on broie fortement jusqu'à ce que ce soit clair et bien décatonné, après on éclaircit cette dose par un quart de litre de noir que l'on démèle bien ensemble en deux minutes et que l'on peut de suite employer au noircissage par une couche semblable à la première, et lorsque cette dernière couche de cortique au noir est sèche, on fait le lissage.

Le lissage se fait avec un vieux paroir dont le taillant est arrondi et bien poli, lequel se frotte en forme de parage très-vitement sur le sabot, en suivant le frottement partout. Ensuite, on doit avoir une brosse dure que l'on passe par dessus pour achever de les faire bien briller.

Si le noir a été bien fait, les sabots noircis depuis cinq ou six mois peuvent retrouver leur brillant par un simple coup de brosse passé par dessus toutes les paires.

Le Fumage.

8º Le beau fumage se fait sur des sabots parés, secs et polis, avec un os sur l'empeigne.

Et ce fumage se fait avec des creusons secs que l'on étend bien desssus une grande cheminée en y mettant une petite semence de corne bien étendue également (de corne de pied de cheval); ensuite, on remet une petite couverture de creusons par-dessus cette corne, avec une poignée de parette par-dessus, pour faire prendre le feu.

9º Quand cela est préparé, on a une espèce de

gradin en ratelier fait en fer de baquette où l'on étend les sabots dessus, tant haut que l'on en peut mettre, en faisant en sorte que toutes les empeignes soient toutes découvertes pour recevoir la fumée.

Lorsque c'est bien arrangé, on ferme la cheminée avec une grosse toile un peu mouillée, en laissant du jour par-dessous, à la convenance de surveiller le feu.

Ensuite, on prend un plat de charbon de braise allumée que l'on met par-dessus tout le bois pour le faire brûler, toujours en fumant, pendant environ deux heures, jusqu'à ce que ce soit tout brûlé.

10° On doit surveiller le feu toujours avec activité, et avoir à côté de soi une corbeille de creusons pour jeter sur le feu embrasé à mesure que cela est nécessaire.

Et de l'autre côté de soi, on a un sceau d'eau avec un torchon au bout d'un manche de bois pour asperger le feu lorsqu'il prend flamme.

Et quand le bois est tout brûlé, on couvre le feu en rejoignant la braise en tas contre la cheminée, et l'on défait la fumée.

On doit toujours avoir bien soin de bien nourrir le feu autant dans les deux bouts qu'au milieu de la cheminée.

CHAPITRE IX.

—

DE LA SITUATION DES RECETTES ET DÉPENSES DES OUVRIERS.

·

1º Beaucoup d'ouvriers ont cet orgueil de se faire riches quand ils sont pauvres comme Job, en se flattant d'être forts ouvriers, savants et gagnant de l'argent avec facilité, voulant faire les généreux, les suffisants, les indépendants, les savants, et le tout avec l'instrument de la langue.

Ils se trouvent très-édifiés quand ils rencontrent assez de badauds pour les croire et les glorifier, se figurant que leurs mensonges sont des vérités.

Et souvent même, s'il se trouve des personnes raisonnables qui désapprouvent leurs mensonges, cela leur déplait extrêmement, ils savent tout bien compter, mais ne veulent pas des comptes de vérité.

Cependant je prétends leur rendre un grand

service en faisant la confession de leur situation de production et de dépense.

2° Production annuelle moyenne d'un ouvrier sabotier.

L'ouvrage de la sabotterie se fait à prix fait de façon, et la paire de sabots à trois façons, et se paye en moyenne, selon les pays et formes de sabots en ouvrage ordinaire : 30 cent. 35 et demi et 45 c. la façon d'une paire de sabots de femme et d'homme ; les sabots d'enfant sont au même prix, mais il en faut faire deux paires pour une, et trois pour deux pour fillettes.

Généralement, chaque ouvrier ne fait qu'une façon, et un autre en fait une autre. Il y a souvent des sabotiers de cinquante ans qui n'ont su faire qu'une ou deux façons et n'ont jamais su faire une paire de sabots en plein, parce que, vivant péniblement du petit produit de leur travail, ils n'ont jamais pu sacrifier du temps pour apprendre à tout faire, pouvant gagner leur vie de la façon qu'ils savent faire.

3° J'ai remarqué que généralement, en moyenne d'ouvrage, un ouvrier ordinaire, après deux ans d'apprentissage ou de travail à façon, ne faisait annuellement que 3,000 façons, soit la valeur de 1,200 paires de sabots, ce qui fait, à 35 c. et demi la paire, 450 francs par an.

L'année se composant de 365 jours, il faut en déduire plus de deux mois, soit pour 52 dimanches et autres journées forcées de ne pouvoir travailler au moins 13 jours, ce qui fait 65 journées à sortir des 365. Reste alors net 300 journées, à une moyenne de 12 façons par jour, soit la valeur de quatre paires de sabots, ce qui fait 1,200 paires par année.

4º Je sais bien que beaucoup de forts ouvriers doublent cet ouvrage, mais je prouverai que sur 100 il n'y en a pas 25 qui en feront une valeur moyenne d'un quart en plus, soit une valeur de cinq paires par jour, en total d'année, ce qui ferait 562 fr. au plus par an. Et que plus de 25 autres ouvriers n'en feraient pas, en moyenne, trois paires par jour.

Oui, je raisonne d'après les chiffres et non d'après les aventures d'idéologie particulière. J'ai vu des ouvriers faire des jours la valeur de quinze paires de sabots, et qui, dans l'année, n'en faisaient pas 1,200 paires, et qui s'ils eussent voulu travailler toujours bien régulièrement et vivre avec ordre, en auraient eu assez d'en faire, tous les jours, quinze façons, soit cinq paires.

Mais, à dire vrai, à toute règle exception, je sais que réellement il y en a quelques-uns de fort habiles à tenir coup à l'ouvrage, mais le nombre n'en est que de un ou deux sur cent.

Ainsi, ne soyons pas surpris de voir tous ces habiles ouvriers en travaux de 24 heures, les plus minables de tous les ouvriers qui travaillent quatre jours par semaine pour gagner 10 fr. et qui sont forcés d'en dépenser 12 pour vivre avec ordre, mais qui dépensent bien 15 francs pour vivre en désordre par désœuvrement et intempérance.

Et sur tout cela il y aurait trop d'objections à faire : ça n'en finirait pas.

5º Tableau de la dépense annuelle d'un ouvrier sabotier présumable et nécessaire :

1º Pour vivre et loger à l'hôtel à 1 fr. par jour. 365

2º Blanchissage et raccommodage par semaine, 40 c., chemise 5 fr. 26

3º Deux paires de souliers par an, à 7,50   15

4º Trois paires de sabots, deux paires de chaussons, deux paires de bas. 9

5º Un caleçon, une cravate, un bonnet, deux mouchoirs de poche. 7

6º Un pantalon d'été, 5 fr., un d'hiver 15 fr.   20

7º Un gilet d'été, 3 fr., un d'hiver 7 fr.   10

8º Une veste d'été, 7 fr., une d'hiver 27 fr. d'une durée de deux années. . . . , . . . 17

9º Une casquette 2 fr., un chapeau pour deux ans 10 fr. 7

10º Extra par semaine, 1 fr. 52

11º Frais de route, ou dépenses imprévues.   62

12º Outillage d'une valeur de 50 fr. en consommation d'usure et remonte annuelle de   10

Total. . . 600

6º Trouvera-t-on que l'on peut vivre à moindre prix que cela ; un garçon ouvrier, sujet à travailler dans un pays ou à aller dans un autre.

Avoir un métier qu'il faut au moins un an pour apprendre à moitié mais à pouvoir seulement ga-gner sa vie étant dans une force d'âge ; il don-nera au moins d'argent 200 fr., et perdra 200 fr. de gages, s'il était placé en condition, ce qui fait au moins une dépense de 400 fr. pour ne vicotter qu'en commençant, car on ne peut guère avan-cer à l'ouvrage dans les premiers temps.

Ainsi voyons comme ça gagne bien.

7º Cependant, on me dira : On voit souvent des ouvriers très-bien endimanchés, bien carrément placés dans les cafés, buvant, fumant, jouant, comme des milords anglais, ne parlant que par cent et par mille, fiers comme des rois, raisonnant comme des roquets, etc.

Comment cela se peut-il faire ?

Oui, c'est ce que je me dis souvent.

Mais quand je vois leur situation intérieure et que je calcule, je vois bien que tout ce qui brille n'est pas or.

Ce sera un bon ouvrier qui aura un chapitre de deux ou trois cents francs de dettes, sans linge dans sa malle, tout sur le dos, un habit de fri-pier qui lui a coûté 5 fr. 50 c. et à son premier maître 100 fr., une ou deux chemises de coton, un pantalon de fripier, etc., etc. Et tout cela affu-blé d'une tête à esprit d'orateur et de génie infini et incompréhensible au bon sens.

8º D'autre part, on pourra me dire : Comment se fait-il que des ouvriers travaillant à ces prix-là, quelques-uns aient gagné, après leurs dépenses payées, des 2 ou 300 fr. de bon à eux, en ne travaillant que dix mois par an.

Voilà comment cela est.

Il y a encore des boutiques qui logent et qui trempent la soupe à leurs ouvriers trois fois par jours ; chez elles, l'ouvrier n'achète que son pain qui lui coûte 100 fr. pour dix mois environ, au plus ; les vêtements ne sont que de peu de valeur ; leur pitance vaut 20 fr. par an ; leur extra 10 fr. les dimanches ; ils vont se coucher, ou aux offices, après avoir organisé leurs outils ; enfin, leur dépense totale ne va pas à 200 fr. et s'ils en gagnent 400, il leur reste 200 fr. de bon.

Et ceux qui mettent 300 fr. de côté, sont ceux qui ne font pas plus de dépense, mais qui sont plus forts ouvriers d'un quart, ou ont une partie d'ouvrage plus lucratif. Voilà à peu près tout le sortilége de ceux qui font des boni de 200 fr. par an, et de ceux qui font des dettes de 200 fr. par an, ou qui vivent du produit de leur patrimoine ou de tout autre aventure.

9° Oui, voilà la vérité, que l'on me juge, et que l'ouvrier ne compte jamais sa force d'ouvrage d'un jour, même d'une semaine, mais seulement celle d'un mois ou d'un an.

Parce qu'il faut toujours que les bonnes journées fassent compensation aux mauvaises, et c'est par-là que l'on doit répartir le chiffre de *moyenne*.

Le travailleur n'est pas né pour être chien, ni

forcé d'être sot, mais il doit étudier pour être SAGE, et en pratiquer l'œuvre dans la liberté envers le vrai Dieu d'humanité.

10° Je sais qu'il y a beaucoup d'obstacles pour pouvoir et vouloir s'entendre au droit et devoir de l'ordre de l'organisation du travail.

Sachons bien que l'on ne peut rien faire sans étudier et tracer, comme on doit le faire, pour réussir avec sûreté, par les discussions du bien et du mal présumatif en vérité et légalité.

11° Et c'est par ces causes de déficit de la dépense sur le produit que je réclame le devoir de l'augmentation des salaires des prix d'ouvriers, à un prix moyen de 50 cent. par paire de sabots au lieu de 35.

Soit 15 cent. par façon, sans avoir à scier ni à fendre le bois, et 5 cent. par paire de sabots pour le sciage et fendage, ce qui fait à 50 cent. la façon d'une paire de sabots pour l'ouvrier.

Lequel fera arriver le produit annuel de son travail à une valeur moyenne de 600 fr. par ouvrier.

12° Tout chef de boutique qui tient des ouvriers, ne doit jamais s'engager à fournir le lit et le trempage de la soupe aux ouvriers, sans en être payé au moins 6 fr. par mois par chaque ouvrier.

Celui qui fait travailler doit se rendre compte, et si cela n'est pas compté comme beaucoup le font sottement, c'est ne pas savoir gagner sa vie en travaillant au commerce de la fabrication.

On voit des ouvriers qui ne font pas parfois pour 15 fr. d'ouvrage par mois, et qui font bien pour 12 fr. d'embarras dans une boutique, en vivant en paresseux ou en indifférents, pour cette facilité de n'avoir que son pain à acheter pour s'assurer la vie, etc.

Cela fait une perte inévitable au chef de boutique.

Au reste, dans les villes, tout ouvrier devrait être logé en hôtesse, surtout les ouvriers mobiles ; ça fait travailler et vivre tout le monde, et même on apprend à vivre à celui qui ne sait pas.

13° Oui, je parle aux hommes à conscience et à sentiment d'humanité ; nos pères n'ont-ils pas été travailleurs, nos fils, nos générations ne le seront-ils pas toujours ? Croira-t-on que ceux qui auront un peu plus de monnaie que les autres seront sûrs que leurs générations ne seront pas condamnées au devoir du travail ?

Je vous le demande à vous DOCTES et RICHES en pécune, voudrez-vous toujours faire un camp en dehors de la société ?

Non, je ne le pense pas ; je crois que la vérité sera comprise par vous et par nous.

Je pense que vos fils s'honoreront de se faire ouvriers, magistrats, disciples de la sagesse et soldats contre l'injustice humaine.

L'ouvrier ne sera plus une bête à travail, et le bourgeois une bête à l'engrais, scientifiquement.

14° Oui, quand je vois dans mon malheureux

métier de sabotier, que si un ouvrier a du cœur pour vivre honorablement, il faut qu'il travaille comme un cheval de poste, et pire encore, parce que le cheval de poste ne travaille que six heures par jour, et l'ouvrier travaille douze heures et à un travail pénible.

Je sais bien qu'il y a des ouvriers qui ont des états légers, et qui ne se fatiguent pas quoique travaillant longtemps.

Mais tous ces métiers ne sont pas à comparer.

Et je répète, en un mot, que l'ouvrier est de chair, d'os et d'esprit comme les *doctes* et les *riches*, l'un n'est pas l'autre.

Mais la *vraie justice* doit être le *devoir*.

La suite des chapitres en fera voir la justice légale, car les temps anciens en sont les modernes.

15° La dépense d'un ouvrier marié qui a de l'ordre, peut ne pas dépasser celle du garçon ouvrier, en s'arrangeant de la manière ci-après pour la vie de deux personnes, si les enfants ne surviennent pas trop en abondance ; donc, en ce cas, il faudrait prévoir les charges par des suppléments de travail de la part de la femme de l'ouvrier, pour y subvenir par ce qu'elle pourrait gagner.

La dépense pourrait s'établir ainsi :

Pour le local de chambre.	50 fr.
Bois de feux.	50
35 demi-décal. de blé, à 3 fr. 45 c. . . .	120
Beurre, lait, sel.	52
A reporter.	272

A reporter. 272
Epices, farine jaune. 10
Vin, un fût 30
Vêtements des deux. 100
Blanchissage, par semaine, 50 c. . . 26
Remonte de batterie de cuisine, etc. 50
Dépenses imprévues. 22
Légume et viande, 25 c. par jour. . . 90

Total . . . . 600 fr.

Si la femme de l'ouvrier est un peu intelligente, elle peut bien produire par son travail, annuellement, 200 fr. dans une ville, et lesquels, joints aux produits du mari, feraient bien 800 fr.

16° Mais, sur ce que je dis là, il est arrivé bien autrement ; nous avons des femmes qui gagnent plus en travaillant que leurs maris par beaucoup de différents commerces, comme d'autres sont des femmes de rien, sans intelligence ni morale, et très-vicieuses ; d'autres ont une mauvaise santé et sont par conséquent à plaindre dans leur affliction.

C'est pour cela que je recommande à tout ouvrier de se rendre compte, de bien confesser ce qu'il fait en dépense, de ne rien déguiser, parce que ses péchés lui tomberont sur le nez, sans qu'il puisse les éviter.

Celui qui fait de petites affaires doit autant compter que celui qui en fait de grandes ; 5 centimes ont autant de considération dans un petit compte que 5 francs dans un grand compte.

Au reste, vivre sans se rendre compte en tout et partout, c'est vivre en animal.

Et se fier aux succès d'aventures pour sortir de peine, c'est marcher plus ou moins fortement dans les épines.

CHAPITRE X.

—

DE LA CAPACITÉ COMMERCIALE ET DE LA COMPTABILITÉ.

On doit travailler pour vivre, et non travailler pour s'enrichir.

1° La capacité commerciale d'une boutique de trois ouvriers peut comprendre sa nécessité, selon ce que j'ai dit à mon chapitre II.

La vie de bonne intelligence entre époux, ou famille et voisins, le savoir du travail manuel, l'idée de stimulant industriel, le savoir et l'accord de la comptabilité sur ses dépenses et produits.

Il faut avoir un peu d'argent ou un crédit sûr à la convenance du commerce, en capitaux empruntés à longs termes et à intérêt direct, afin de travailler très-librement, payer et se faire payer, et ne pas faire comme beaucoup, acheter partout à crédit et à tout prix, et ne payer que par force ou peu ;

d'autres achètent et vendent dans toutes les aventures et ne savent sur quel pied ils marchent.

2° Trop d'argent en commerce ne sert à rien et est souvent nuisible. Il y a des personnes qui ont la capacité de bien gagner leur vie dans un petit commerce, mais qui se ruineraient et se mettraient dans les peines, s'ils le faisaient au-dessus de leur capacité intellectuelle.

Comme d'autres sont capables de faire de grandes affaires avec justice, science et énergie, et sont forcées de rester dans la misère, n'ayant ni appui ni ressources, ou étant affligées de quelques maux, soit en mariage, enfants, etc., etc.

L'argent est bien utile, mais la capacité l'est encore davantage ; que chacun sache se comprendre et ne soit pas humilié d'avoir un commerce moindre que son confrère, ni d'être ouvrier au lieu d'être chef de boutique.

Chacun a son mérite en tout et partout, en prenant la place qui lui est donnée par ses stimulants naturels.

Que le fils du chef de commerce ne se croie pas humilié d'être ouvrier, ni que le fils de l'ouvrier ne se glorifie pas d'être chef de commerce, dans le but de dédaigner les défaveurs de leurs confrères par vanité personnel.

3° Les capitaux ne devraient jamais rien être pour celui qui a les capacités du commerce ; il devrait avoir à sa disposition tout ce qu'il lui faut selon l'étendue et le moyen de la localité des affaires.

L'intérêt direct n'est rien à payer quand on a de l'ordre et du talent ; ce qui ruine les emprunteurs, c'est l'incapacité. le désordre , l'immoralité, etc.

4° Le commerce actuel est immoral ou n'est honnête que par cupidité, de sorte que les **affaires** sont généralement mal établies pour le public.

Que voit-on dans la succession d'un commerce?

Des acquéreurs incapables très-souvent ; mais le vendeur du fond de commerce s'est seulement occupé du soin d'être payé, le reste lui est indifférent. Et il arrive souvent que ces gens d'affaires se ruinent par leur sottise, comme d'autres veulent créer des commerces qu'ils ne connaissent pas et se mettent dans les épines jusqu'au cou.

C'est là le grand mal pour le service des affaires du public et pour les entrepreneurs incapables.

L'organisation des professions est très-convenable pour remédier à cela.

5° Celui qui fonde un commerce peut bien faire souvent, mais s'il est garçon et dans l'intention de se marier, qu'il ne mette pas son argent à monter un mobilier, qu'il vive en pension et conserve l'argent de ce mobilier pour son commerce ; il y gagnera sous tous les rapports.

Le mobilier doit regarder les épouses, et c'est très-inutile d'avoir plus de mobilier qu'il n'en faut, tout comme c'est gênant de ne pas avoir celui qui est nécessaire.

Mille francs de mobilier superflu font un intérêt

au moins de 10 p. %, c'est 100 f. par an de perdus. C'est beaucoup pour les pauvres ouvriers, et c'est une bêtise chez les riches qui ont du linge par extrème, par idolâtrie de mobilier, lequel reste stérile et se consomme tout de même par la suite.

6° Dans les affaires de commerce en gros, le savoir du travail manuel est moins utile que le stimulant de direction : l'ordre, la comptabilité, la franchise en affaires ; l'essentiel encore, c'est d'avoir un crédit suffisant.

Car un intriguant, se jetant dans un grand commerce, sans prévoyance ni sûreté de crédit, quoique avec une certaine capacité et quelques fonds, ne saura pas ce qu'il fait ni où il va, même eût-il beaucoup d'argent. S'il n'a pas une conduite morale, ses affaires ne dureront pas longtemps, car la dépravation, le mensonge et toute affaire de petit à petit ruine tout commerce.

7° Voilà la situation que j'établis de la dépense annuelle d'une boutique d'un maître ouvrier qui occuperait deux ouvriers sabotiers :

1. Rente d'un fonds de commerce en marchandises , sabots et bois pour. . . . . . . .1200)

Et en marchandises chaussons et brides. . . . . 800) 2000   intérêts.   100

2. Rente de fonds mobiliers d'une valeur de 1000 fr. . . .   50

A reporter. . . . 150

A reporter. 150

3. Loyer, 250 fr., impositions
50 fr. et soldats à loger. . .   300

4. Entretien et remonte du
ménage   100

5. Nourriture de deux personnes à 1 fr. par jour   365

  Bois de feu et blanchissage .   100

  Vêtement total, à 80 fr. pour   160
chacune . . . .

6. Extra et frais imprévus. .   85

Total :   1260

Pour la plus petite dépense nécessaire à une
boutique de deux ouvriers, ce qui fait une moyenne
de 25 fr. par semaine, soit 3 fr. 55 c. par jour,
fêtes ou dimanches.

C'est le moins qu'on puisse dépenser sans avoir
d'enfants ni autres charges, ce qui arrive rare-
ment.

8° Et que nul ne croit s'éviter ces dépenses-
là. L'extrême avarice nuit souvent autant que
la prodigalité ; et que celui qui a des revenus ne
calcule pas que la dépense du métier est moindre pour lui qu'à un autre qui serait obligé de
payer sa rente du fonds de sa boutique.

Soit que l'on ait à soi l'argent du fonds de boutique, ou que l'on en doive la rente, l'intérêt doit
toujours se compter le premier.

On ne doit pas prodiguer, mais on ne doit pas
se priver du nécessaire ; la meilleure économie

c'est de se rattraper en faisant croître le produit du travail, mettre à point, et se résigner dans toutes les pertes et risques à subir.

9° Voilà le tableau du produit du maître ouvrier, par approximation :

1. Pour vente de 300 douzaines de sabots en détail, produit moyen après le prix de revient de 2 fr. 40 c. la douzaine.   720 f.

2. 100 douzaines de brides posées, produit de 1 fr. 50 c. la douzaine. . .   150

3. 30 douzaines de garnitures posées, nettes de frais, 3 fr. la douzaine. . .   90

4. 50 douzaines de chaussons, l'un dans l'autre, 2 fr. 40 c. la douzaine. .   120

5. Gain de fabrication pour la valeur de 50 douzaines de sabots faits par le maître, à 4 fr. 50 c.   225

Total :   1305 f.

Moyenne à déduire pour perte et non valeur..   45

Produit net :   1260 f.

Ce produit balance la dépense.

10° Voilà une situation présumée qui, d'une part ou de l'autre, peut bien avoir des variations, soit selon les circonstances, soit selon la capacité des chefs de boutique, car toutes les affaires ne peuvent pas être régulières. Il y a des objets en vente sans profit et d'autres qui produisent beaucoup par une vente très consciencieuse.

Un maître de boutique et son épouse peuvent faire aller un genre de commerce comme il suit : La femme peut faire la vente du détail, et le mari peut faire la valeur de moitié d'ouvrage d'un ouvrier, en dirigeant sa boutique, ce qui lui produira, à prix de façon, par année, 225 fr. ; mais qu'un maître ne compte pas faire davantage d'ouvrage.

11. On peut encore s'attendre que les marchandises que l'on fait ne soient pas toujours certaines d'être écoulées, et que les concurrences soient souvent des obstacles qui assomment sans cause.

Mais espérons qu'à l'avenir la concurrence sera réglée et que le public en sera même mieux servi.

J'ai tenté plusieurs moyens pour détruire cela.

D'abord, toute boutique quelconque doit avoir son petit bureau de comptabilité et la règle des affaires bien organisée, voir au net ses produits et dépenses, puis son devoir tracé par de bons calculs qui ne prouvent pas les bénéfices en excluant les valeurs des travaux et de matières, parce qu'on n'y peut donner gratis et parce qu'on n'y achète pas.

La confession des affaires de mari à épouse ne doit faire qu'un seul esprit de vérité, et il faut que la décision parte de l'ordonnance du mari, d'après les observations de son épouse. Car si chacun veut être maître à son tour et se plaire à se contra-

rier par orgueil de maîtrise, sans s'entendre et se
compâtir, selon la convenance de ses goûts personnels et ses moyens, on pourra toujours s'attendre à des persécutions qui amèneront plutôt des
désordres que de la prospérité.

CHAPITRE XI.

—

SITUATION DE FABRICATION SABOTABLE EN GROS.

1º Comme j'ai dit dans mon chapitre III sur la convenance des localités, l'exploitation de fabrication en gros doit se faire sur trois convenances d'usage de sabots.

Premièrement. Les sabots de campagne, couverts et découverts, forts en bois et convenables aux travaux de la campagne, ainsi que les sabots à tige pour les travaux et chemins humides.

Secondement. Le sabot de ville ordinaire, noir, couvert et découvert, à la convenance de la consommation ordinaire de la ville, pour les temps froids et humides.

Troisièmement. Le sabot d'élégance, fait en toutes formes pour les dames et messieurs, avec des enjolivures et des formes très mignonnes.

Vient ensuite l'ouvrage de scupture, gravure, noircissage, fumage, bridage, exploitation de bois en sciage et fendage.

Lequel demande une direction pour l'ouvrage de plusieurs personnes.

2° Pour cela, la composition d'une fabrication de travail en gros demande environ six ouvriers pour chaque façon de sabots.

Alors, trois genres de façon exigeraient dix-huit ouvriers, dont chaque ouvrier serait placé suivant son savoir, de la façon qui lui serait la plus avantageuse.

Parce qu'il est connu que chacun faisant sa partie d'ouvrage, tout ira mieux.

Il faudrait, en supplément, un sculpteur, un noircisseur, deux scieurs, un fendeur de bois, un maître ouvrier, un commis et le patron, etc.

Ce qui ferait environ vingt-cinq à trente personnes à cette occupation de saboterie ; car le fendage de bois, fendu par un ouvrier exprès, sera toujours d'un grand intérêt à la fabrication, parce que chaque ébaucheur devra avoir son bois fendu et choisi à la convenance de l'ouvrage qu'il fait spécialement, de sorte que nul ouvrier ne sortira de sa spécialité que pour changer totalement.

3° Voilà donc le tableau approximatif que je fais de la dépense :

Rente de fonds de commerce et capi-

INTÉRÉTS.

taux...20,000 fr . . . . 1,000 f.

 Rente, fonds mobiliers nécessaires, 2,000.   100

 Loyer de l'atelier et de l'appartement   800

 Impositions et soldats à loger . . .   150

 Appointements du contre-maître et
commis , par an 2,000

 Entretien du magasin et remonte du
ménage 100

 Bois de feu pour la maison et l'atelier.   200

 Gage annuel d'une servante   100

 Nourriture totale des quatre personnes   600

 Vêtements de trois personnes . . .   300

 Extra , 300 fr., voyage, etc. , 350 fr.   650

____

Total :   6,000 f.

4º Voilà donc une fabrication en gros qui demanderait pour marcher une dépense de plus de 6,000 fr. de frais de maison

Comment donc spéculer le produit sur le bénéfice des ventes, d'après le prix de revient des sabots fabriqués, de 25 à 30 ouvriers, qui feraient au plus 3,000 douzaines de sabots , soit 36,000 paires marchands.

Il faudrait donc faire un bénéfice de 2 fr. par douzaine en vente en gros, en moyenne du produit, tandis qu'à présent on n'a pas plus de 75 c. à 1 fr. par douzaine pour opérer la vente en gros.

5º Alors il faudrait que le produit soit présumatif pour la vente en gros de :

2,000 douzaines , sabots ordinaires ,
à produit de 1 fr. 20 c. la douzaine.   .   2,400

500 douzaines , sabots garnis à cous-
sins , à 3 fr. la douzaine   1,500

500 douzaines , sabots élégants , sans
brides, à 2 fr. 40 c. la douzaine . . . 1,200

Total :   5,100 f.

Plus, pour commerce de brides et chaussons ;
1,000 douzaines de chaussons , au
produit moyen de 1 fr. la douzaine.   .   1,000

200 douzaines de brides ; tous genres,
à 20 c.   400

Total :   6,500

A déduire pour non valeur ,   500

Reste net ,   6,000 f.

Tel serait environ le besoin du produit au moins pour figurer à la dépense, et encore le patron n'a-t-il pour honoraires que sa dépense.

On sait que les commerces ne se font pas positivement comme cela ; on tâche de faire plus d'affaires avec moins d'ouvriers et le moins d'argent possible, on accélère les travaux par des intrigues en fabrication , en marchandage de salaire et de matériaux, etc., etc.

C'est toujours l'abomination du marchandage , ou plutôt du mendiage du salaire d'autrui, ou du bien d'autrui.

Ah ! l'abomination de principes ; quand viendra

donc la loi de la raison , de la justice obligatoire à l'humanité.

7° Le prix de revient des sabots en douzaines , qui se compose de 14 paires pour 12 en sabots découverts :

Sabots homme, 4 paires , les moindres mesures sont de . . 27 centimètres.
dans œuvre.

Sabots femme, 5 paires , les moindres mesures sont de . . 23 cent.

Sabots fillette, 3 paires , pour deux paires marchands . . . 19 cent.

Sabots enfant, 2 paires p. une.

Il y a trois façons dans une paire de sabots , et la façon se paie environ 4 fr. 50 , soit pour la douzaine de sa-

bots tout faits	4 f.	50 c.
Noircissage et façon , la douzaine.	«	50
Bois la douzaine rendu 1re qualité .	2	40
Perte par déchet de température et autre.	«	25
Total :	7	65 c,
A déduire pour bois de feu par douze.	«	40
Total du prix de revient , net la de.	7	25 c.

8° La façon des sabots-bottes ou couverts, coûte 1 f. 80 c. la douze. de façon, 3 façons par douzaine . . . . . 5 f. 40 c.

A reporter. . . . 5 40

A reporter. . . .	5	40
Bois de 1re qualité, quartier	3	50
Idem de 2e qualité, rondin (2 f. 50)		
Noircissage et façon	«	75
Perte par déchet de sèchement, et autre, par douz^e	«	30
Total :	9 f.	95 c.
A déduire pour bois de feu par d^e. .	«	60
Total de revient :	9 f.	35 c,

L'assortiment de sabots bottes se compose de :

5 paires pour homme.
4 paires pour femme.
3 paires pour 2, cadet.
2 paires pour 1, enfant.

La façon des sabots élégants est, pour les trois façons, de 1 fr. 50 c. la douz^e.	4 f.	50 c.
Pour le plissage et les sculptures, par douzaine.	1	20
Noircissage . . . . . . , .	«	50
Bois choisi, 1re qualité, la douzaine.	2	40
Perte pour déchet de non valeur, en séchant	«	30
Total :	8 f.	90 c.
A déduire pour bois de feu par d^{ne} .	«	40
Total du prix de revient :	8 f.	50 c.

L'assortiment de la douzaine se compose de :

4 paires de sabots pour homme.
4   id.   femme.
2   id.   fillette ou enfant.

9º Voilà le prix que je signale, afin de faire figurer un tableau de situation ; car le travail se fait à moindre prix, en mendiant le salaire des ouvriers entre ouvriers.

L'ouvrier voit les frais de maison, les obstacles des commerces et la misère des chefs de boutique, de sorte qu'il cède son travail à un prix moindre, croyant bien faire pour l'humanité, et il recule pour mieux faire sauter le métier.

Il fait tort à sa profession et au patron de la fabrique même en travaillant à moindre prix.

De même qu'un prêteur d'argent rend et fait un mauvais service à un emprunteur qui lui demande à emprunter et qui est un dissipateur. Sur cela, il y a deux extrêmes à éviter, le vil salaire et l'extrême salaire.

Il y a des ouvriers qui se font vanité de se faire payer leur ouvrage trop cher, s'ils en trouvent l'occasion, ou veulent être payés autant que les bons ouvriers, sans le mériter.

C'est sur cela que les lois doivent veiller, et non sur la liberté de droit, de faire comme l'on pourra, en attrapant qui l'on peut sans crainte de lois d'empêchement.

10º Ce qu'il y a de mauvais chez les ouvriers à façon, c'est que quelques-uns ont des talents très habiles et doublent l'ouvrage dans le même espace de temps, sans se gêner, et travaillent à des prix moindres, selon les journées de métier, lorsqu'ils sont marchandés par les patrons.

C'est là une prévenance à faire à ces ouvriers, qui occasionne une baisse de prix aux autres qui sont d'une force juste à produire un salaire médiocre.

Il y a des travaux innovés qui ont des prix très élevés, et il est juste, avec le temps, de les réduire à la taxe courante en devoir de marchandage.

Comme il y a des ouvrages de mécanique qui doivent avoir une dépréciation publique, puis être frappés d'impôts au profit de l'Etat, selon la valeur excédante du bénéfice et frais de mécanisme, mais seulement pour des métiers légers et de luxe.

Mais, pour les métiers de peine, les mécaniques doivent être protégés.

11º Comme on l'a vu, le prix des façons de sabots que je cote un prix plus élevé qu'ils ne se paient généralement, n'est donc pas assez salarié pour couvrir son besoin de dépense, selon mon chapitre IX, qui porte à 600 f. la dépense annuelle d'un ouvrier mobile, garçon ou marié, et qui ne porte son produit de travail qu'à une valeur annuelle de 450 fr.

Alors il faudrait au moins une augmentation d'un quart pour arriver à la balance de la dépense et du produit.

Il faudrait encore que l'augmentation se fasse dans l'ouvrage du sciage et du fendage de bois, lequel serait payé à part par le patron.

En attendant les moyens à venir de l'augmentation de la juste taxe qui devrait être de 50 c. par paire.

12° Oui, je dis, il faut cela , et je ne le dis pas par ordre des ouvriers, ni pour avoir leurs éloges, en parlant en leur faveur.

Mais je le dis, parce que je me sens être comme les ouvriers qui sont comme moi et comme vous , Messieurs les citoyens aristocrates du fond du cœur.

On pourra m'objecter beaucoup de choses sur cela , concluant à me dire que l'ouvrier gagnant beaucoup deviendrait fainéant, orgueilleux , dépravé et très exigeant et capricieux dans son travail, etc., etc.

Car déjà, en ne gagnant pas grand'chose , on ne peut pas le faire travailler comme l'on veut.

Je répondrai que j'ai traité toutes ces questions, et que je conclus à dire que l'augmentation des salaires est une justice pure et humanitaire.

13° Il faut donc une taxe générale , en commençant par une morale politique, en instruction, car les lois obligatoires seraient trop vexatoires en commençant.

Il faut donc que les concurrences soient mises en discussion, en morale politique de presse, etc.

Pour qu'enfin le patron d'une fabrique ou d'un commerce puisse avoir la sûreté de son salaire.

Car si l'ouvrage qui reviendra à 9 fr. et qui nécessitera 2 fr. de dépense pour l'exploitation et sa direction commerciale et commission de vente, il est tout évident qu'il faut qu'il se vende 11 francs.

On pourra m'objecter mille autres choses, que si tout le monde devenait riche, que ferait-on ?

Je répondrai aux fripons d'idéologie de ne pas se casser la tête sur le bien général, de peur de l'égalité.

Au reste, la vérité ne doit pas être une honte à dire ni à voir.

Et l'on sait, qu'en fait de commerce, les taxes ne peuvent pas être égales, qu'il y a des objets à vendre au 50 p. 0/0, et qui ne produiront pas tant que d'autres travaillés au commerce de 2 p. 0/0.

14º Je dis et je persiste à dire que, sur l'article sabot, en vendant et payant l'ouvrage un quart, et même un tiers en plus qu'il ne se paie à présent, le public en serait mieux servi.

Car on peut faire l'ouvrage à valoir un tiers de plus pour la consommation et l'agrément, en valeur générale de consommation.

Il est bien entendu que le gaspillage de fabrication disparaîtrait, et le fabricant et le consommateur seraient contents tous deux.

15º Ce que je dis est vrai et ne peut être repoussé que par des personnes d'un esprit immonde.

Les agioteurs de commerce, les galopeurs et les accapareurs de travaux qui n'ont pour toute capacité que l'intrigue de la séduction, ceux-là ne seront pas les premiers, mais les derniers.

Car c'est lapidant en fait de commerce, on ne

sait que raisonner misère ou richesse, mais tou—
jours à l'opposé de la vérité réelle de la pensée.

On établit des comptes à faire voir blanc ce qui
est noir, comme par justice commerciale, etc.

Le besoin de gagner sa vie ou de s'enrichir,
comme d'autres ont fait, ne peut se faire que par
intrigue et mensonge, et on le fait par justice, se
dit-on.

16° Si le monde voulait, le paradis terrestre se—
rait dans le monde; mais que dire à ceux qui
tiennent la puissance du monde pour en faire leur
diadême diabolique.

Ils me diront et feront croire au dernier savant,
si on veut de la justice pure, c'est le bien géné—
ral, c'est le partage des biens, etc.

Ainsi, riches, prêtres, légistes, prenez garde à
votre bourse.

CHAPITRE XII.

—

ASSOCIATION COMMERCIALE.

1º L'association ne peut se faire entre associés que par un esprit de sentiment moral et très conciliant pour le respect de l'ordre, par de mutuelles charités pacifiantes que l'on se doit les uns aux autres en esprit de sagesse fraternelle.

La moralité est convenable dans l'union des mariages des associés, car des associés peuvent être bons pour la convenance des sciences des travaux ; mais le désordre de l'esprit mariable de l'épouse peut nuire beaucoup à l'accord durable de l'association.

2º Le tableau d'association doit toujours être tracé d'avance et bien discuté et compris pour en prévoir la possibilité, selon ses moyens de capacité, de pécune et de crédit public, et dans quelle

étendue on peut travailler, même sans être nuisible à ses confrères dans ses devoirs.

Alors la capacité de la science de direction et de
comptabilité doit être la première en besoin, et
celle de la confection en deuxième capacité, et
l'un ne doit pas être plus payé que l'autre ; il y a
des personnes qui ne sont pas bonnes pour la direction, ou la font moins bien que d'autres, ou
très mal, quoique étant braves gens dans leurs
sentiments, etc.

3º Alors l'association bien organisée, où chacun
soit placé selon ses capacités.

Le travail est la vie du paradis terrestre.

La peine est l'aliment du vrai plaisir.

Il est toujours bien nécessaire d'établir dans un
réglement les manières dont on doit remplir son
devoir de travail et de conduite, quoiqu'on puisse
bien prévoir que tout le monde n'est pas égal en
force de travail ni en goût de conduite et de manière de vivre, d'opinion et d'humeur.

Mais quand les prévenances de désordre sont
faites à l'avance, on évite toujours les cas de maladie en tout et partout.

Parce que la règle est pour établir le *devoir légal* pour tout, et celui qui ne peut pas remplir son
devoir par différentes faiblesses a droit à la miséricorde du bienfait des autres sans s'en enor-
gueillir, et celui qui fait de plus en a la satisfac-
tion de lui et des autres.

4º Comme on voit, selon mon rapport sur les

chapitres X et XI des situations commerciales et des travaux sabotables, soit pour la conception de l'étendue du commerce et de sa possibilité dans la localité, et ses moyens pécuniaires et de crédit.

Celui qui prend la suite d'affaires d'un travail, doit toujours avoir un crédit fait, ce qui lui fait souvent plus qu'on ne croit, et il est toujours bon de prendre les suites d'affaires de ses confrères, quoique des choses ne soient pas plaisantes.

5º On pourra m'objecter que l'association étant générale, serait toujours soumise à la liberté de concurrence, et que malgré les bienfaits des travaux, les concurrences feront arriver autant de déconfiture, en bien travaillant, qu'il y en a à présent en gaspillant les commerces et les travaux.

Oui, mais comme l'avenir doit réformer les lois de corruption, les commerces devront être organisés et réglés dans l'avenir.

Au reste, l'esprit moral du public en ferait sa régle, malgré les lois adverses.

Sur cela, on doit avoir de la patience et attendre l'avenir de l'âge de la nouvelle ÈRE, et ne pas prétendre que l'association d'une profession doive prévaloir sur une autre, que les ouvriers des villes doivent être supérieurs à ceux des campagnes, et à ceux d'administration publique.

La supériorité consiste dans la capacité du mérite vrai, et rien différemment.

Pour arriver à ces moyens-là, les sociétés ou l'Etat devront faire une création de mère-école pour chaque art ou métier, afin de faire des élèves maîtres instructeurs de métiers, sachant la théorie et la pratique, avec les moyens d'enseignement les plus précoces par des instructions mutuelles.

De sorte que tout individu sera sûr de parvenir à être digne d'être *confectionneur* dans son métier, ce qui n'existe pas maintenant nulle part. Car même, dans les métiers les plus niais, nul maître presque ne sait bien montrer qu'il sait travailler ou non, on s'occupe de faire profit de l'apprenti et non de l'instruire pour son profit à lui-même, et même les pères ne peuvent pas souvent instruire leurs enfants.

6º Oui, *confectionner* c'est la première science du monde futur ; nul ne voudra vivre sur la terre sans avoir été *confectionneur* ouvrier, qui convertit un morceau de bois en sabots, en meuble, ou autrement ; le fer en serrure, le terrain en blé, la pierre en taille alignée, moulée, etc.

Toutes autres sciences ne sont qu'auxiliaires, soit commerce, industrie, administration, légiste, etc.

Ainsi, je prévois l'avenir de l'âge d'or ; mais rendons-nous en dignes.

7º L'association fait la conservation des salaires de l'ouvrier et de la marchandise.

Les associations doivent être générales dans toutes les professions d'arts et métiers ouvriers.

L'association d'ouvriers compagnons sédentaires ou mobiles, garçons et mariés, le tout ne doit faire qu'une famille respectable au salut de la loi du réglement : le réglement doit être juste pour le bien de tous, autant que possible.

Et quiconque s'y montrerait rebelle, serait alors exclu de la famille sociale, et serait errant et rebuté de la société de son métier.

Ce qui serait la plus affligeante et la plus sérieuse des peines.

On comprendra bien que l'avenir de chaque ouvrier n'est pas obligatoire à toujours être ouvriers, que beaucoup entreront dans des commerces, dans des industries et dans des administrations, etc., etc.

8° L'association ne peut rien être sans le secours mutuel ; alors l'ordre sera : *Association de telle confrérie d'ouvriers.*

Donc, tout serait soumis à un tribut tous les mois, selon un réglement pour assurer des secours aux infirmes et aux vieillards, et même à la famille du confrère décédé, soit en surveillance morale et assistance de nécessités très-urgentes, etc.

L'avarice et la dépravation ne sont plus une liberté ; or, avec la loi du réglement, on vivra sans haine et sans crainte de l'avenir ; la science que l'on aura tout dans soi-même sur le salut de son devoir particulier, fera l'allégresse de la vie.

9° Dans l'association, il n'y a pas d'autre liberté que l'obligation du devoir.

Et la base du devoir est que le fort aide au faible, que le savant instruise l'ignorant.

A l'égard de L'AIDE que l'on se doit mutuellement, beaucoup, dans ce temps, ne demanderaient
que la bourse du riche ou des plus riches qu'eux
pour aide, c'est justement ce qui n'est pas et ce
qu'il ne faut pas.

Si on est réellement savant, on peut aider quel-
qu'un en l'instruisant ; mais si on est dans l'erreur ou le doute, on ne doit pas se faire un orgueil d'instruire par incertitude du VRAI ; on fait
plus de mal que de bien très-souvent.

10° Celui qui aide son prochain ne doit pas le
faire par vanité ; il ferait un mal à son privilégié,
et même aussi à lui-même.

Que celui qui n'est pas capable d'aider ne s'en
mêle pas, ni avec sa bourse, ni avec sa langue.

Le devoir d'aider est une science à étudier par
expérience, selon sa partie de savoir, et selon la
prévoyance des possibilités à succès.

11° C'est ainsi que j'entends dire, les capacités
de nature individuelle ne doivent pas être re-
poussées à cause du manque de pécune, ou l'infortune de la naissance, dans les temps à venir
surtout.

Quoiqu'on doive admettre que les uns doivent
marcher en privilége les premiers.

Parce que je prévois que l'avenir donnera à la
société, avec gloire, des simples ouvriers qui auront dix mille francs de rente, et qui en feront
jouir, à leur lieu et place, très-somptueusement
des confrères, selon un principe d'ordre.

Et les citoyens nés à la tête de la fortune montreront l'exemple de la dignité humanitaire.

12° Et je dis, par cette prévoyance, que l'association trouvera des capitaux en abondance, et que le commerce de crédit deviendra une honte à celui qui le fera par emprunt.

Je dis encore que le gérant d'un commerce d'une fabrique ne pourra pas avoir un sou, et ses ouvriers associés être les capitalistes, le tout en parfaite considération réciproque.

13° Mais, pour cela, il faudra l'organisation du travail et des commerces. Car s'il se crée plus ou moins de commerces qu'il n'en faut dans une localité, ce serait toujours la même persécution.

Ainsi, on doit prévoir l'esprit futur de la vie humaine et considérer les associations qui sont possibles d'être faites comme sagesse d'action, dont je note ici une idée d'engagement d'association.

1° Le sieur...... et moi...... convenons de fonder ou acheter le fonds de commerce de M...... dont les prix et charges sont convenus ainsi.....

Il est entendu que moi..... je suis associé comme gérant de commerce, et mon occupation sera tel et tel ouvrage, comprenant toute la direction; et que ledit sieur...... sera associé comme ouvrier directeur (ou ouvrier ordinaire). L'ouvrier directeur d'ouvrage devra avoir une assiduité au travail de dix heures par jour, vingt-quatre journées de travail par mois, une semaine de vacance par année, en saison de morte-ouvrage. Lequel monterait a 282 jours l'an, à 3 fr. par jour, fixerait à 846 fr. l'appointement conventionnel. Entendu s'il y a des journées supplémentaires, n'étant pas nécessaires à la direction, l'ouvrage ne lui sera payé qu'à la façon ordinaire comme supplémentaire.

2º Que moi, ouvrier gérant, je prélèverai pour salaire annuel aussi 846 fr. pour le même nombre de journées de travail, sauf liberté d'assiduité au travail dans ma partie de direction de gérance.

3º Que moi, faisant le commerce des gros achats et ventes, tous les frais d'extra ou autres à cette occasion seront à la charge de la dépense commune, dont moi seul en ai le droit ou l'ordre d'en permettre la dépense, en compte pour moi ou pour autrui.

4º Entendu que l'ouvrage spécial du sieur.... sera le fendage du bois, vérifier l'ouvrage des ouvriers, repasser l'ouvrage, le compter, le livrer et en tenir comptabilité régulière, et faire tout ouvrage à la servitude du commerce et de la clientelle ; et, après cela, il devra employer son temps au travail de façon, profit de l'association.

5º Il a été reconnu et compté entre les parties que ledit sieur..... a apporté à l'association une somme de...... en numéraire, ou de tant..... en marchandises, de telle qualité, à tant.... et telle autre valeur estimée à tant....

Lequel prélèvera un intérêt de 6 p. % l'an, au

compte de l'association, qui partira du 1er janvier....

Entendu que ledit sieur.... en a apporté *idem*.... ou se charge de les fournir à telle époque, au même taux d'intérêt.

Entendu que tous les emprunts supplémentaires faits au compte de la société, sont en charge commune, et que, toutes les années, il sera fait un inventaire au 1er janvier, et les dividendes de profit ou perte seront répartis également entre les parties associées.

6° Il est convenu que nous joindrons à notre association encore deux confrères ou plus, en qualité d'associés ouvriers, qui seront payés à façon, et leur mise de fonds au commerce sera aussi au taux de 6 p. %, et que l'association sera formée pour quatre années au moins, et que si une partie veut se retirer, son argent ne lui sera remboursé qu'après l'échéance des quatre années.

7° S'il arrivait des cas de maladie, ils seront supportés aux frais de l'association, mais les journées de faveur au gérant et au directeur leur seront retirées proportionnellement.

8° Il sera convenu que, pour conserver entre soi la bonne intelligence, tous les mois un des associés donnera à dîner à ses autres confrères, à ses frais, chacun à son tour de mois, mais sans extrême dépense.

9° Il est entendu que, s'il y avait une gêne d'union entre les associés, le gérant a le droit de récuser celui des associés qui ne pourrait pas s'accorder avec la société, et le rembourserait du montant de son dividende de part à fin d'année courante.

10° Il est entendu que le commerce ne se fera pas plus étendu que les moyens pécuniaires ne le permettent, et que le gérant est le maître absolu de traiter toute affaire, à profit ou à perte ; mais il est tenu de recevoir et de demander les conseils et instructions des autres associés, et de mettre toutes ses opérations commerciales à la disposition de tous les associés, en vue de comptabilité.

11° Les associés se déclarent tous responsables les uns pour les autres en ce qui concerne cette association commerciale seulement.

14° On doit s'attendre à une infinité d'objections sur tout cela, en ce que les commerces, les opinions et les capacités individuelles ne peuvent pas être toutes égales, car ce que l'un aime, l'autre parfois ne l'aime pas, sous plusieurs rapports d'intérêt personnel, d'ignorance ou de sottise.

Mais ce que je dis, c'est pour l'avenir, espérant que les générations apprendront à résister aux corruptions et que les esprits tendront à l'union par l'association, et, malgré les différences de goût et d'opinion individuelle, une instruction morale peut guérir cela radicalement.

Et le chapitre suivant apprendra ce qu'on doit espérer de l'avenir des travailleurs.

CHAPITRE XIII.

—

ASSOCIATION D'OUVRIERS EN CONFRÉRIE.

1° L'association est une loi de devoir, de nature morale et humanitaire, et c'est le plus sacré des devoirs de l'ouvrier de se constituer, s'organiser en association.

L'association impose des devoirs, des obligations, mais quand les devoirs d'obligation sont constitués dans la justice légale de la raison.

Les ouvriers les plus libertins et insensés ne font qu'assurer leur bonheur sous tous les rapports, pour leur bien légal en temporel et moral.

2° L'ouvrier qui, de tout temps, a toujours été rangé dans les lois souveraines, comme une bête de travail, étant salarié par des prix vexatoires, et payés en répugnance même, a de superbes talents de travail.

Cela n'existera plus lorsque l'association sera mise en pratique; les travaux se feront également et à prix fixe, par esprit raisonnable, social.

Le propriétaire, le patron, l'ouvrier se doivent des devoirs réciproques, et les uns ne sont pas les autres.

Comme l'apprenti n'est pas l'instructeur et l'instructeur n'est pas le propriétaire, selon l'esprit général de la société humaine en devoir de civilité.

3° Les riches doivent aux pauvres et les pauvres doivent aux riches, et chacun leur tribut, et la justice véritable doit être la règle du devoir qui fait la loi.

Il est tout évident que si l'association n'est que pauvre et infirme avec pauvres et infirmes, que les secours seraient sans ressources.

Mais, en associant les ouvriers forts avec les faibles, les forts aideront à leurs frères faibles.

4° Si l'ouvrier fort ou riche se dit lui-même : mais à quoi me sert l'association moi qui n'aurai qu'à donner et qui n'aurai jamais besoin de recevoir; je m'embarrasse bien des pauvres, je n'en ai besoin que pour faire le marchepied de mon opulence.

Oui, il se dira, le fort ouvrier, si je m'empresse à me présenter à la société, voilà que je m'abaisse en me mécanisant avec les pauvres et les sots qui voudront être autant que moi, se jalouseront de mes moyens, et si je me lie avec eux, il faudra que ma bourse soit à leur disposition, etc., etc.

5° Sur cela l'esprit moral doit agir de part et d'autre. Il faut que les patrons les plus capables avec les ouvriers les plus habiles soient les plus empressés à cela, et se fassent un devoir moral d'aider et servir la société le mieux qu'ils pourront, s'ils sont nommés membres du bureau de confrérie, il faut qu'ils en acceptent la charge sans murmurer.

6° Il est tout évident qu'on ne peut pas faire tous les ouvriers sages et riches les uns comme les autres, ce ne sera jamais.

Mais le but sera d'empêcher leur inconduite et de secourir leurs afflictions, et d'une manière très-étendue jusque dans l'ordre des ménages.

Faut-il, parce qu'un ouvrier est doué de force et de pécune, qu'il doive croire que ce sera toujours de même, lui, sa femme et ses enfants, pendant toute leur vie et la vie de ses générations.

Ne voit-on pas assez d'exemples d'infortune.

Les gros châteaux dérochent bien, et comment, à nous ouvriers, nos petits moyens ne pourraient-ils pas dérocher aussi, et plus vîte encore.

7° Il ne faut pas que des chefs de boutique se disent : oui, moi quand j'étais ouvrier, j'étais bien dans la société du compagnonage, mais à présent que je suis maître, c'est fini, je n'ai plus besoin de cela.

Celui qui agit ainsi doit être signalé comme une personne inhumaine et suspecte d'idéologie.

Ne vaut-il pas mieux avoir sa cote part de tribut à payer à un médecin pour n'être jamais malade, que d'avoir à le payer, mais pour être longtemps malade et très-souffrant, s'il vous survient une maladie.

Au reste, pour celui qui possède la santé ce n'est pas un préjudice d'aider celui qui ne l'a pas.

8° Ainsi donc voilà la cause des principes d'association professionnelle en ce qui comprend principalement *l'assistance* dont la base est un sens de constitution :

1° Le droit d'association ;

2° La Mère-Hôtesse ;

3° Le bureau général de l'union des confréries ;

4° L'élection ;

5° L'assistance et les funérailles ;

6° L'ordre et la surveillance ;

7° La taxe des salaires et vérification d'ouvrages ;

8° La fête patronale ;

9° La discipline.

1° LE DROIT D'ASSOCIATION.

9° Je commence ce règlement par l'explication du droit d'association, qui est un devoir obligatoire, et, hors son devoir, il n'y a plus aucune liberté bonne.

Dans toutes les villes où il pourra se trouver un nombre au moins de cent ouvriers et chefs de boutique l'association pourra être convoquée sur la demande de trois confrères.

Si la ville n'est pas assez forte en ouvriers, toute la circonscription du canton s'y joindra.

Comme dans toutes les villes où il y aura moyen de s'entendre pour l'association, toutes les banlieues se joindront au bureau de la confrérie de leur plus proche ville.

Tout ouvrier ou maître ouvrier est membre de droit de l'association, et ne pourra être renvoyé que selon l'ordre de la discipline, soit qu'il veuille être ou non sociétaire.

10° Le bureau de confrérie sera composé de quatre membres syndics, dont l'un sera le président, l'autre le secrétaire, et les deux autres membres conseillers, dont un sera trésorier.

Plus, le président nommera un confrère rapporteur, dont la charge sera d'exploiter les relations et rapports au secrétaire syndic, qui sera le directeur du bureau et le payeur, et le président sera le trésorier.

Dans l'association, chacun, à son tour, aura sa tâche de service à faire, selon le besoin de la société, et cela sera à la charge du rapporteur, selon un réglement particulier.

2° DE LA MÈRE-HOTESSE.

11° Dans toutes les villes où il y aura une confrérie, il y sera établie, par le Conseil des membres du Bureau, une Mère-Hôtesse des sabotiers.

Elle sera choisie par les syndics pour réunir le plus de sentiments de moralité, et pour avoir une bonne tenue de maison, à la convenance des ouvriers de ce métier.

Le Chef d'hôtesse recevra une instruction convenable pour l'ordre qu'il doit tenir envers les ouvriers dans leur intérèt comme dans les siens propres (La Mère-Hôtesse comprend le Chef de la maison d'hôtesse).

On observera que l'établissement soit, autant que possible, comme une pension à manger et à loger, et que l'on puisse disposer d'une chambre pour le besoin des réunions, etc., etc.

Les ouvriers mobiles seront les enfants de la société, et les Mères-hôtesses auront l'honneur d'être leurs surveillantes, par respect pour la société et les parents des jeunes gens.

3° DU BUREAU GÉNÉRAL.

12° Dans la principale ville de France où il y aura le plus de sabotiers, il sera créé un bureau général qui comprendra tous les bureaux de la confrérie de toute la France.

Le bureau sera particulier à celui de la confrérie de la ville.

Et il sera subventionné par cote part de tribut de toutes les autres confréries, selon le besoin de juste indemnité.

Le bureau sera formé comme les autres de quatre syndics et d'un rapporteur.

4° DE L'ÉLECTION.

13° L'élection se fera dans le choix de deux principaux maîtres, nantis de la meilleure considération et capacité, et de la plus indépendante position ;

Plus, d'un ouvrier marié et d'un garçon mobile.

Ils seront nommés pour trois années.

Les démissionnaires, pendant cet intervalle, seront remplacés au choix du président.

Le président sera nommé par les syndics, et ensuite le président nommera le secrétaire et son rapporteur.

L'élection se fera à la majorité des voix, mais choisies selon la désignation ci-avant.

La forme de l'élection sera la plus simplifiée, ainsi que tous les ordres de direction.

14º Tous les premiers dimanches de chaque mois, il y aura, à heure fixe, réunion des membres des bureaux chez la **Mère-Hôtesse.**

Et, tous les trois mois, convocation générale des associés, et le rapport de la comptabilité des comptes de la société, et toutes autres observations.

Tous les trois ans, et le lundi de Pâques, il y aura réélection des syndics.

D'après cette mise en œuvre, il sera créé des réglements en harmonie des convenances.

5º DE L'ASSISTANCE ET DES FUNÉRAILLES.

15º L'Assistance comprendra les secours aux afflictions, soit de maladie, soit de grande vieillesse, et selon les moyens pécuniaires du bureau de confrérie.

Le malade aura droit à une assistance, mais non à une exigence ; si on lui donne 1 fr. par jour, ce sera le plus. Le médecin sera abonné et payé aux frais de la société, et, à l'avenir, l'assistance aura une caisse de retraite, etc.

Les malades seront visités tous les jours par les confrères, par simple réglement.

Si le malade est dans l'aisance, il pourra remercier l'assistance pécuniaire. Il aura la visite gratuite du docteur et la visite de tous les confrères et avec les manières les plus respectueuses.

16° Pour les décès, l'assistance sera convoquée par ordre du rapporteur, et par le confrère qui devra être de service de mois.

Les frais d'inhumation seront simplifiés autant que possible par les bureaux.

Les veuves seront protégées ainsi que leurs enfants ; ils seront surveillés pour leur faire tenir une conduite régulière, selon leurs moyens de travail et de pécune.

Même les veuves et leurs enfants demanderont des instructions et le consentement des syndics pour établir leurs enfants selon la convenance qui leur est nécessaire, selon leur stimulant et position de capacité, etc.

17° Parce que l'esprit d'association sera une convenance réciproque par laquelle on consent à s'aider et à être aidé par les représentants de la confrérie, pour soi et pour les siens, surtout en protection, si ce n'est pas par l'argent de la société.

Comme il arrive souvent que beaucoup de mères sont très-idolâtres de leurs enfants, les enfants comprendront qu'ils trouveront un autre père, après son décès, dans les membres de la confrérie, et qui vaudra beaucoup mieux que ces parents tuteurs, qui sont sans ordre ni capacité, ni considération, très-souvent.

6º DE L'ORDRE DE SURVEILLANCE.

18º La surveillance comprendra tout droit de correction, soit sur les plaintes de conduite particulière, de mauvais travail, de concurrences injustes, dans ce cas, il sera fait un appel à l'ordre du président pour justifier ces inconduites et les éteindre.

Plus, tout ouvrier devenant habile ouvrier sur différentes parties pourra demander un examen de vérification pour son travail qui comprendra au moins quinze journées, lequel reconnu sera approuvé dans la sincérité de l'expertise pour la confection et la quantité d'œuvre.

Cette commission de vérification se fera par la nomination de trois membres nommés par le président, dont un maître ouvrier, un ouvrier marié et un ouvrier mobile et d'une manière simplifiée et les plus capables de cette justification.

Dont le certificat attestera tout ce qu'il a été reconnu et signé des vérificateurs et du président.

7º DE LA TAXE DES SALAIRES.

19º Cela sera toujours régulier selon l'admission des prix pour la localité.

Mais si un ouvrier n'est qu'ouvrier à demi dans la façon qu'il fera, le patron peut demander au président qu'il nomme un expert pour taxer son ouvrage ; le président désignera celui qui lui conviendra, et l'ouvrier n'aura rien à dire, et sera tenu de travailler pour se perfectionner jusqu'à pouvoir acquérir la capacité voulue par la vérification de l'ouvrage de quinze jours, à devoir obtenir le salaire du prix taxé, ou à devoir être encore repoussé plus tard.

Toutes les vérifications auront principalement pour but de certifier le talent des ouvriers mobiles (soit ouvriers étrangers, compagnons ou autres).

8º DE LA FÊTE PATRONALE.

20º La bonne harmonie professionnelle doit se confirmer par une fête de religion et de gaîté entre tous les confrères, riches et pauvres, et non pas se célébrer comme dans beaucoup de métiers où chacun va de son côté par jalousie et orgueil sur ses semblables.

Il doit en être autrement ; cette fête sera l'obligation de la conciliation avec tous les confrères, même les mauvais sujets.

Mais, comme il importe, pour bien célébrer la fète d'un état, qu'il faudrait toujours qu'elle se trouvàt dans la saison de morte du métier, et quel que soit le Saint que l'on accepte, il faut fèter le Saint si l'on veut à telle époque, ou en prendre un autre.

Par conséquent, je propose de remettre la fète patronale des sabotiers au lundi de Pàques de chaque année.

Cette fète sera célébrée le matin, par un office religieux ; l'après-midi, un banquet professionnel réunira tous les confrères, leurs femmes et leurs enfants.

La dépense du banquet sera faite avec économie, et à raison de 3 fr. par tète de confrère, en valeur de fourniture d'aliments.

21° Les femmes des confrères seront tenues de préparer le repas selon un réglement d'ordre, de direction de cuisine et de service de table.

Les enfants et les femmes seront dans une chambre à part et feront leur banquet en particulier, selon un règlement.

Les dames des confrères les plus expérimentées seront désignées par le président de la direction du banquet. — Ceux qui n'y assisteront pas, soit par vanité ou jalousie, etc., seront désignés comme tels.

Le soir, il y aura une danse et selon les principes les plus modestes et les plus réjouis.

Il y aura une règle pour les invitations, afin de

ne pas encombrer la danse par les étrangers : c'est le président qui fait les invitations.

9° DE LA DISCIPLINE.

22° La discipline comprendra principalement l'appel à la réprimande en secret.

Parce que, quoiqu'il y eût des mauvais sujets dans la société, les syndics leur doivent assistance de conseils et d'instructions les plus convenables.

Si cependant il y avait insolence, bravade à tous les ordres de discipline, même envers les membres du bureau,

Le récalcitrant de la confrérie serait, au second tour d'appel, mis à l'ordre, à la réunion du premier dimanche du mois, et exclu provisoirement ;

Et, en troisième cas, à l'exclusion sociale pour pour un an ; si ensuite il ne veut pas se réconcilier, il sera exclu avec publicité à la réunion générale, avec désignation de l'origine de ses vices, comme étant le rebut de la société. Incurable.

Il sera jugé par deux membres de plus choisis parmi les sociétaires assemblés.

23° Tout jeune ouvrier mobile ou sédentaire, quoique chez ses parents, sera tenu de rendre un rapport de son travail de qualité et quantité, et de sa situation pécuniaire au président, tous les six mois.

Afin de ne pas contracter des dettes et des vices de paresse et de travail par suite de ses goûts ou opinion en fait de liberté de conduite, soit par suite d'aisance des parents et même de mauvais conseils de leur part.

L'administration sociale protégera les jeunes ouvriers, mais ne leur permettra pas la liberté d'être vicieux, quoiqu'étant dans une aisance supérieure à d'autres.

Et cela devra être pris en bonne part par les parents et les jeunes gens.

24° Quand le corps de l'association sera mis en pratique, à sa seconde année, il sera créé un ordre *d'ouvriers mobiles compagnons*, lequel sera une branche sociale attachée au corps de la confrérie générale.

Les compagnons nè seront reçus que d'après une forme de réglement ; ils devront avoir tous les talents du métier et une conduite sans reproche;

Plus, avoir un engagement de trois ou quatre ans aux ordres des chefs des bureaux de confrérie, pour partir d'un endroit et aller travailler dans un autre, selon les convenances.

La qualification de compagnon sera prise en considération par tous les confrères.

Les réceptions ne se feront que par les membres du bureau de confrérie et non en particulier, comme en commençant.

Sur cela, et d'après la force de l'organisation, il sera fait des règlements en harmonie pour cela en société auxiliaire, etc.

Ainsi je prévois et souhaite l'avenir.

25° Et j'espère que, après ce début, les associations de confrérie organisée aboutiront à l'avenir à créer des moyens de retraite aux vieillards et aux infirmes, de sorte que nul ouvrier ne travaillera pour s'enrichir de peur de la misère, puisque la misère sera secourue ; mais travaillera seulement pour son devoir et son droit, et son savoir vivre en liberté, égalité et fraternité.

CHAPITRE XIV.

—

DEVOIRS DE COMPAGNONAGE.

DE L'INSTRUCTION DU DEVOIR. — MES DEVOIRS IDÉOLOGIQUES.

1° Le mot *devoir* renferme tout , et l'action du devoir satisfait tout, lorsqu'il est juste.

D'après ce que j'ai dit, dans mon chapitre XIII: de l'Association des ouvriers en Confrérie, le compagnonage y sera joint comme le couronnement de l'esprit social fondamental de recrutement sociétaire, en passant par les règlements obligatoires du compagnonage, en engagement de servilisme de principe du devoir.

2° Ce que je dicte par ce Règlement a pour but d'apprendre à vivre et à travailler aux jeunes ouvriers. D'abord , je ne prétends pas guérir les vieux ouvriers qui sont trop vicieux dans le devoir de savoir vivre et travailler convenablement.

Mais je dis que je prétends enseigner à faire

vivre et travailler les jeunes ouvriers, à être heureux mieux que des rois, en ne gagnant pas seulement dix à douze francs par semaine, mieux que s'ils avaient vingt-cinq francs par semaine à pouvoir gagner, mais ne savoir pas se conduire.

3° J'apprendrai à l'ouvrier à vivre avec peu, et à travailler avec joie et sans peine sérieuse.

Quoi qu'il en soit des différences d'idées et de stimulants individuels, il y a justice pour tous.

4° Je sais que ce que je dis peut avoir des ennemis cachés, car la *vérité* a autant d'ennemis que le mensonge en a, et a des admirateurs dans le temps où nous sommes encore.

Ce que je dis à vous, jeunes ouvriers, c'est de l'avenir; car, dans l'avenir, je prévois que la *mendicité*, le pouvoir de la *sottise* et de la *fourberie* doit être aboli, et que tout le monde doit vivre en face du tableau de la vérité, de la conscience harmonique de cette vérité, en grandissant en âge dans la République véritable.

5° Le monde a appartenu à un principe puissant, mensonger. Sa fin approche, réjouissonsnous ; ceux qui le regretteront seront condamnés par eux-mêmes. Cherchons Dieu et croyons-y, malgré toute sédition de principes que l'on pourrait nous démontrer pour ne pas croire en Dieu, et nous livrer à nos passions vicieuses par droit de liberté.

On ne pourrait nous culbuter qu'avec ce piége-là. Bref, méfions-nous ; soyons unis et unissons-nous par société en toute manière avec des devoirs de *sagesse*. L'union fait la force et la puissance ; comprenez-moi bien.

6° Le devoir, c'est le règne de la justice ; travaillons à acquérir ce règne de bonheur. Combattons le mal et faisons le bien. Ce sera l'esprit fondamental du devoir. Malgré nos différences de dons, nous ne ferons qu'un corps et esprit en Dieu.

Comprenons bien que les sots, les maladroits voudront que leurs confrères soient encore plus sots qu'eux, afin d'être les premiers dans certains esprits. Mais que le sage et l'adroit ouvrier doit féliciter le sage esprit et ne pas mépriser celui qui a moins de talent que lui, mais l'aider plutôt.

La jalousie, la calomnie sont des vices sérieux ; sachez vous connaître, comme je crois me connaître moi-même, qui ne suis qu'un petit ouvrier dans mon métier de sabotier ; mais qui me crois le plus grand, puisque je sais confesser consciencieusement que je ne suis qu'un petit ouvrier et un imparfait en tout. Car si j'avais les talents des perfections naturelles, je n'aurais pas pu vous dire les *péchés* et les *vertus* nécessaires au métier de sabotier, et à bien d'autres principes humanitaires, etc.

7° C'est à vous, jeunes et anciens compagnons, que je m'adresse publiquement, comme confrère, comme semblable, avec mon expérience d'ouvrier, de compagnon comme vous. et selon mes moyens spirituels ; étudiez-moi et comprenez-moi bien par interprétation. Je ne demande à nul de me croire, s'il croit que je suis dans l'erreur. Mais si je suis dans le vrai, croyez-moi plutôt pour vous-mêmes que pour moi.

8º Ce début est pour faire arriver peu à peu le principe sociétaire assez riche pour que nul travailleur ne soit réduit à la mendicité, et pour pouvoir créer une caisse de secours qui parviendra à tout secourir, et avec l'égalité de droit et de principes.

DES PRINCIPES DE RÈGLEMENT.

1º La société du compagnonage, composée d'ouvriers combattants, jeunes célibataires, ne sera et ne devra être qu'une branche auxiliaire à la société-confrérie des sabotiers et qui doit être absolument unie ensemble et être même sous l'influence de l'esprit de la société-confrérie.

2º Le devoir du compagnonage devra se refondre dans les principes de droiture de *civilité*, et l'obligation du tutoiement doit être interdite, lorsque l'âge, les connaissances ou les amitiés ne sont pas suffisantes, ni de convenance mutuelle. Cela est réellement des exceptions sottes ou impolies, qui ont un fond d'orgueil, en ce que le sot prétend s'égaler au sage par le droit de mécanisement en tutoiement.

Là où il y a règlement, il faut des chefs, et là

où il y a un mécanisement inconvenant des maîtres avec l'apprenti ou de l'enfant avec le précepteur, il y a sottise et impolitesse. Car un jeune homme avec un vieux n'est pas égal, ni un sot avec un sage n'est égal, etc. Et le tutoiement devient une expression dégoûtante et moqueuse, si elle est exercée inconvenablement. Ainsi donc, le tutoiement sera de convenance, selon le sens de son esprit, dans les jeunes compagnons, ce devoir prendra naissance d'amis liés par leur âge ; mais ne convient pas de prendre naissance de vieux compagnons avec autres vieux compagnons.

3º Le mot de cayenne serait plus convenable d'être transformé en mot loge par politesse d'expression. La loge comprendra toutes les localités qui sont dans la circonscription désignée dans la loge, par département, de tel endroit, etc.

On doit donc bien comprendre qu'une politesse vraie, dans tout devoir, a des maîtres et des subalternes ; que le devoir doit avoir des directeurs, et que l'un ne doit pas s'égaler à l'autre par la liberté de familiarité et expression de tutoiement et sentiment d'égalité.

Bien que le tutoiement venant de naissance, de bas âge ou de parenté, quelles que soient les difficultés de qualité individuelle, soit pratiqué, cela n'a rien de ridicule.

4º Ainsi donc, jeunes compagnons, je crois vous conduire dans un bon chemin ; mais je ne prétends pas vous faire manger les alouettes toules rôties , quand même j'en aurai la puissance , si je le voulais.

5° Car le devoir doit avoir sa discipline comme le soldat a la sienne ; mais vous savez que le soldat, pour le punir , on le met dedans , parce que le soldat est l'instrument de ses chefs et n'a qu'à obéir, même à l'injustice.

Mais vous, vous ne serez pas instruments ni machines de vos chefs ; on vous instruira pour être sages, tandis que le soldat n'a point de principes pour être religieux ni scientifique. L'Etat veut qu'il soit sot et soumis, et sache seulement l'exercice, etc. Vous, on vous mettra dehors de la société pour vous punir gravement, et cette punition sera plus dure que celle du soldat à qui on applique dix ans de fer. Alors la comparaison n'est pas entièrement égale, comprenez.

6° Les expressions de nomination en appel , comme *pays*, ne devrait plus exister et se transformer en mot de *citoyens*, entre ouvriers ordinaires , en fait d'esprit de devoir entre tout ouvrier de métiers , mais à l'égard d'affaires différentes ou de famille, etc.

Le mot de *citoyen* doit être impraticable comme politesse, comme à l'égard d'instruction sur le devoir des compagnons. Les compagnons précepteurs devront désigner le mot de *confrère* en instruction, car il devra y avoir des compagnons précepteurs , soit en talent d'œuvre , soit en science spirituelle, lorsqu'ils seront gradés par le Père de la Mère-loge, selon un principe.

7º Quand on établit une chose bonne et durable, il faut prévoir l'avenir, et c'est ce que je prévois en vous prévenant de tout cela, car il ne nous faut pas faire des affaires d'enfantillage, si nous voulons nous constituer le titre du droit de 'homm .

A l'avenir, la société constituera ses formes de lettres en caractères pour s'écrire secrètement, ce qui sera déterminé pour être durable tant de temps.

8º Les assistances et les fêtes auront aussi leurs principes et devoirs réglés ; mais, pour faire des assistances et des dépenses administratives, il faut créer des impôts. Mais l'impôt qui serait, je suppose, de 1 fr. par mois sur cent ouvriers, produirait, par an, 1,200 fr. Et si les dépenses étaient moindres, on pourrait toujours espérer grossir un fonds de secours au bout de quelques années ; mais cela sera de la convenance aux sociétés confréries, dans le but de cumuler un capital.

Les consignements du compagnonage doivent être basés sur la dépense urgente et les assistances réglées de même. Pour les fêtes, elles se feront aussi par des fonds de consignement, car tout ce qui est obligatoire doit avoir son indemnité et sa répartition de charges.

Mais, à l'égard de voyager hors de l'ordonnance, cela sera permis mais aux frais des compagnons qui veulent voyager, etc.

9º C'est chez vous, jeunes compagnons, qu'il

peut y avoir plus de grandeur et d'équité, car rien ne peut vous lier à des humiliations forcées et injustes comme le peuvent être des ouvriers chargés de famille et d'autres misères. Vous serez les enfants de la régénération future.

Vos frères, les cultivateurs, deviendront aussi comme vous, et plus les sociétés seront multipliées, plus le monde sera heureux moralement et corporellement.

Voilà ma croyance.

Ainsi, soyez les ouvriers de la justice pure, quand vous prendrez l'engagement du devoir de compagnonage et de tout autre sociétaire.

10° On est sur la terre pour vivre et travailler, et vivre sans travailler ou vivre en travaillant, en détruisant ou rétrogradant, ce n'est pas vivre en humanité, mais seulement vivre avec un peu d'instinct animal, et ne vivre que pour travailler c'est se constituer un instinct animal aussi.

Ainsi donc, je ne vous condamne pas à être toute votre vie des bêtes de travail. C'est là mon grand fondement de conception, et espérons que ça viendra.

11° Dans toutes les loges, vous aurez une maison qui vous sera comme paternelle, quoique vous soyez étranger ; ce sera la maison dite de la Mère hôtesse, laquelle sera choisie et nommée par le Père de la Loge, et dont le chef sera considéré chef de la Mère hôtesse, et vous serez surveillés comme si vous étiez chez vos parents, et les sociétés feront de vous de bons citoyens, de bons sujets.

Ce qui sera le véritable bien de la vie.

12° Le compagnonage aura aussi pour but de maintenir le prix légal des salaires et les principes du travail. Le tout dans le but que le public soit desservi très agréablement par l'œuvre du métier, et que l'ouvrier puisse vivre dignement de la contrevaleur de son œuvre, selon le sens le plus moralement politique, selon tout ce qui est dit dans ce **Manuel du Sabotier**, etc.

CHAPITRE XV.

CONSTITUTION.

DEVOIRS DE COMPAGNONAGE.

1° DE LA COMPOSITION DU DEVOIR.

1° Le réglement du devoir se comprendra par la décision d'une convocation générale des anciens sabotiers, compagnons combattants, les plus vigilants et expérimentés en bon esprit.

Afin de discuter, réviser ou accepter la form de la Constitution fondamentale que doit avoir le *Devoir* le plus véridique et raisonnable.

2° Déterminer par une députation de compagnons élus de toutes les sociétés de chaque cayenne.

La Constitution créée, révisée, acceptée ou récusée dans sa proposition, par des motifs clairs et nets, sera reconstituée dans le plus bref délai et par les procédés les plus simplifiés et les plus économiques.

3º Le principe fondamental aura pour but le servilisme au devoir du travail et au devoir des principes et de l'ordre moral, avec un temps de quatre ou cinq ans d'engagement.

Celui qui se constituera compagnon combattant sera prévenu de la dictature de la loi du Devoir et des principes qu'il devra pratiquer.

Il sera tenu d'en jurer consciencieusement fidélité, selon la forme du serment ci-après qui lui sera expliqué.

2º DE L'ÉLECTION.

1º En premier début, comme la société du compagnonage est peu nombreuse chez les sabotiers, et pauvres en moyens pécuniaires et d'intelligence, les anciens compagnons et les nouveaux se concerteront par des réunions fréquentes, pour étudier et discuter avec prudence et sagesse la nouvelle forme de la Constitution du devoir, puis se communiqueront par correspondance de cayenne en cayenne la décision de l'élection de chaque représentant de chaque cayenne pour se rendre à la désignation de la Mère-cayenne, c'est-à-dire la plus forte, à temps fixé pour la réunion de tous les représentants délégués de chaque cayenne, élus à la majorité des voix.

Les représentants devront être choisis dans les compagnons les plus prudents, francs et dévoués au devoir. On évitera de nommer des compagnons qui soient dans les dettes matérielles pour leurs positions, parce que cela détruit beaucoup l'indépendance du devoir.

2° Le bureau de préparation de l'élection se fera dans la forme des élections publiques, par le plus ancien d'âge pour président et par le plus jeune pour secrétaire.

La première nomination de l'Assemblée générale sera pour élire le Père de la Mère-loge des compagnons sabotiers de toutes les autres loges de France, lequel sera choisi dans les anciens compagnons établis dans la ville où sera la Mère-loge, et quoique le candidat père ne sera pas présent à l'Assemblée générale, cela ne sera pas une cause pour ne pas le nommer.

3° Il y sera nommé en seconde élection immédiatement un Père suppléant, en cas d'empêchement du Père nommé, et qui le remplacerait.

Une fois nommé, le Père déclarera accepter la Constitution et prêtera le serment selon la forme, entre les mains du représentant des compagnons. Le Père suppléant fera de même.

4° Et immédiatement le Père de la Mère-loge nommera les membres du Bureau, les mieux en harmonie avec ses goûts et ses capacités, selon la forme du choix qu'il doit faire dans les capacités des compagnons combattants, mobiles et sédentaires, les plus convenables aux emplois, comme il suit :

1° Un pour être le secrétaire (le plus convenable à cela);

2º Un pour être le trésorier (le plus comptable);

3º Un pour être l'embaucheur et rapporteur (sédentaire);

4º Un pour être l'administrateur des bureaux (par forme de procuration du président);

Et le cinquième membre du bureau sera élu par la majorité des compagnons de la loge tous les trois mois.

5º Le président du Bureau sera le Père de la Mère-Loge de toutes les loges des compagnons de France. C'est de cette Loge que sortiront toutes les ordonnances supérieures.

Le Père pourra récuser les membres qui ne lui conviendront pas, et les remplacera par d'autres pour composer son bureau, sauf celui élu par les compagnons de la Loge.

La nomination du Père sera pour deux ou quatre ans.

6º C'est le Père qui nommera, avec son conseil, la Mère-Hôtesse, louera les chambres de la loge, tout immédiatement, et acceptera tous les Pères que les autres Loges nommeront dans leurs localités, dans son choix des trois candidats qui auront le plus de voix.

Et c'est lui qui ordonnera les élections des Pères dans chaque localité de Loge, en premier début, laquelle se fera dans la même forme que celle de l'élection générale, mais il n'y aura point de Père suppléant.

Les Bureaux seront simplifiés par quatre mem-

bres : un secrétaire , un trésorier de comptabilité
de recettes et dépenses , un rapporteur embaucheur, et le quatrième sera nommé par les compagnons de la Loge, comme membre du bureau
pour trois ans.

C'est cela qui comprendra la première forme
des élections fondamentales.

7° Chaque Loge nommera, pour son Bureau ,
des compagnons gradés selon un règlement, et
dont le nombre des citoyens gradés ne sera que
de tant par escouade ou brigade , afin de ne pas
créer plus de chefs qu'il n'en faudrait. Mais ces
grades ne sont qu'un titre de qualification pour
ceux qui ne seront pas attachés aux bureaux des
Loges.

3° DE LA RÉCEPTION.

1° La réception de tout compagnon se fera d'a-
près une vérification d'ouvrages et d'un temps de
trois mois au moins de déclaration d'aspiration.

La vérification d'ouvrages sera approuvée par
les Syndics de la confrérie sociale, ainsi que la
formalité de la conduite de l'aspirant, etc., lequel
sera vérifié et accepté ou récusé par les membres
du Bureau de la Loge des compagnons combattants
qui sont les seuls qui feront la réception avec le
Père de la Loge, selon la forme de l'ordre de la
composition des membres du Bureau.

2° Il y aura serment d'engagement signé d'après une instruction de toutes les formalités qu'il s'engage à remplir, pour recevoir le baptême de compagnonage en compagnon mobile ou sédentaire, avec le vœu de servir le compagnonage pendant quatre ou cinq ans.

De garder le secret des mots de ralliement et autres reconnaissances, et d'être discret dans tout jusqu'au péril de sa vie, lorsqu'il s'agira du règlement du devoir, selon les ordres du compagnonage et pour l'honneur et la probité de la société.

3° Les réceptions se feront à jeûn et à cinq ou six heures du matin, par cérémonie consciencieuse. Le prix de la réception sera basé selon le besoin modique de la dépense. Après la réception, il y aura un repas de communion très modique et de réjouissances honnêtes (chanson); le tout à la charge de la Loge.

4° Les nouveaux compagnons seront instruits sur les signes du devoir, les principes moraux et fondamentaux des plus grandes sciences, scientifiques et spirituelles. Il y aura des compagnons gradés par le Père de la Mère-loge pour être *précepteurs*. Ceux qui seront jugés par lui les plus capables et les plus véridiques, et de tout devoir de réelle civilité envers ses directeurs ou ses dirigés,

5° Ils recevront le bâton de compagnonage fait d'un même uniforme et composé avec des rubans d'une belle enjolivure. Chaque compagnon aura sa lettre de réception comme titre d'honneur qui mentionnera ses qualités et ses noms.

6° Il sera appliqué un nom de baptème de compagnonage le plus convenable à l'origine et aux stimulants reconnus à l'aspirant que l'on reçoit, et l'aspirant ne devra pas solliciter de recevoir un nom selon ses désirs personnels.

Ces noms ne seront désignés qu'en action de devoir comme qualification, mais les noms de compagnons mobiles seront désignés par la nomination de nom de province de chaque compagnon.

Les compagnons sédentaires seront appelés par lenr nom ordinaire de baptème ou de maison.

4° DU DROIT ET DU DEVOIR.

1° Le droit sera dans le devoir ; le devoir sera composé dans la plus grande justice due au salut du public, comme à soi-mème personnellement.

Il comprendra l'obligation du travail, de la conduite régulière, et du rendement de compte de l'état de la situation, actif et passif.

Puis l'obligation de se vêtir selon l'ordre du réglement de compagnonage qui sera, avec une veste d'uniforme d'un prix modique, un chapeau et un pantalon, etc.

2° D'être asservi aux ordres de départ (selon un entendement et une indemnité), de voyager à pied avec un petit sac au dos, de ne pas accepter de

voiture gratis, ni même en ayant les moyens pécuniaires (sauf le cas urgent ou permis).

3º Sera asservi à un consignement voté de nécessité de tant par mois, de se dévouer aux ordres
du devoir pour les assistances et pour les réceptions
de bien-venue de compagnon, et le tout selon l'ordre du réglement pour la dépense et la réjouissance, etc.

Il y sera établi des temps obligatoires de travail
et de rendement de compte de travail et de conduite
sobre à pratiquer selon des ordres nécessaires. Dé-
fense de faire des débauches, mème par invitations
gratis, ni faire des dettes sans permission.

4º Il y aura des temps de vacances et de droit
de sage réjouissance, mais le tout selon les ordres
et la légalité du devoir, et d'après les facultés du
compagnonage.

5º Le devoir constituant des chefs qui seront
chargés de représenter l'honneur et la direction et
commenceront leur gradation par une réception de
reçu en compagnon. 3e
après, ils seront reçus en compagnon. . . 2e
ensuite ils seront reçus en compagnon. . . 1er

Pour le 1er, les qualités les plus méritoires seront
admises dans la distinction de l'intelligence en ordre et sincérité dans l'esprit du devoir.

2e En intelligence de talent d'ouvrage.

3e En intelligence générale, scientifique et
morale.

On observera qu'une seule capacité doit retarder la gradation ou l'empêcher. Comme d'être adroit ouvrier et être sot en ordre de conduite, cela fait faire la nullité, etc.

6° Les réceptions de reconnaissance en voyage seront faites en principe d'ordre et avec qui de droit.

Les sortes d'agressions qui avaient lieu anciennement à l'égard d'une différence de devoir seront annulées.

Toutes les choses se détermineront par des assemblées.

Tout arrivant dans une loge chez la **Mère des** compagnons combattants, recevra un repas de 1 fr. 50 c. gratis, qui sera payé par la Mère de la Loge des compagnons.

Le compagnon embaucheur sera le seul chargé de la réception, etc., etc.

5° DES CONSIGNEMENTS.

1° Le consignement est un tribut alimentaire pour subvenir au besoin des dépenses administratives communes, ce qui est le bien alimentaire de la société. Le consignement doit avoir pour base la situation approximative de besoins urgents. 2° Alors le chiffre nécessaire à des besoins annuels d'urgence doit se calculer sur la répartition du fixe de consignement individuel en termes moyens et par paiement de tous les mois. S'il ne peut pas être suffisant, on doit faire des emprunts et surcharger le consignement à prochaine année ou plutôt, et même faire des emprunts.

3o L'impôt doit être proportionnel à la force d'ouvrage de chaque ouvrier, parce que l'ouvrier qui ne peut produire que 40 francs d'ouvrage par mois, ne doit pas payer autant que celui qui peut gagner 80 fr., et que celui qui ne produit que 30 fr. par mois ne peut pas payer également que celui qui produit 40 fr.

Ainsi, je règle que la taxe sera de 1 fr. par 40 fr. par mois et de rien pour celui qui sera rangé et ne gagnera que 30 fr. par mois, puis pour celui qui gagnera 80 fr. par mois la taxe sera de 2 fr.

Le tout proportionnellement au fixe du consignant.

4o Il y aura une subvention d'indemnité à moitié frais pour frais de voyage, d'ordonnances de compagnon, lorsque le besoin l'exigera et des indemnités pour des chômages d'ouvrage, donc tout cela pourra occasionner un consignement souvent onéreux.

5o La caisse sera déposée chez un ancien compagnon, sous l'ordre du Père, et le trésorier aura une clef, le premier compagnon une autre et le Père une troisième.

6o L'impôt sera réparti aux aspirants en commune charge, et les comptes de recettes et dépenses seront rendus en présence des aspirants et compagnons par le trésorier qui sera chargé de cette comptabilité.

Les assistances et secours seront égaux pour les aspirants comme pour les compagnons.

7º Toutes les dépenses seront établies par un petit budget approximatif, comme pour :

1º Assistance pour maladie, chômage et réceptions, frais d'arrivant, etc.

2º Location de la loge et frais de bureau.

3º Achat de caisse, *reliquat* ;

4º Dépenses de célébration de fêtes ;

5º Dépenses d'indemnité d'administration de bureau.

8º L'impôt sera affranchi aux ouvriers qui auront payé pendant trente ans le tribut à la société. Les ouvriers de 70 ans recevront un demi-secours de la société, quoiqu'ils soient encore fort agissants pour travailler, et ceux qui ne pourront pas travailler auront une retraite selon les moyens de la confrérie. Voilà ce que deviendra, où doit aboutir le service du consignement aux ordres de la société.

6º DE L'ASSISTANCE.

1º L'engagement du compagnonage aura pour principe moral la vie commune et familière. De sorte que l'assistance ne sera pas considérée comme un secours à l'indigent, mais bien comme un devoir au besoin de ses membres.

La richesse pécuniaire individuelle doit être mise en dehors des moyens d'existence, et nul compagnon ne doit avoir le droit de vivre de son patrimoine par aisance ou mollesse, ni recevoir gratis des cadeaux ni invitations de réjouissance particulière, hors de convenance morale du chef de sa Loge. C'est afin de pratiquer la fraternité réelle par toutes les actions, afin d'être forcé de savoir et pouvoir produire la vie de son travail, pendant le temps d'engagement.

Ainsi, les assistances qui se feront seront du produit des consignements et du produit des forts ouvriers par leur tribut proportionnel aux nécessités urgentes que les faibles, ou d'autres cas, auront à recevoir en subvention. L'esprit, les actions seront en parallèle, et c'est là la véritable assistance et union.

2° Sortant de cet engagement, l'ouvrier entrera dans la société-confrérie et devra continuer sa conduite et sera libre de son patrimoine et de ses actions industrielles. Il soutiendra la société et la société le soutiendra aussi. L'avenir ne lui fera plus peur. Il aura l'espoir de voir se fonder une caisse de secours qui pourra faire une retraite aux infirmes et aux vieillards, et, quoique pas riche, il sera suffisant et honorable dans sa situation.

Rien n'est difficile pour cela, une contribution de 1 fr. par mois par ouvrier sur 200 fait par an 2,400 fr., et d'autres donations peuvent se faire partiellement. Ainsi, si les subventions ne vont qu'à 1,500 fr. les frais de différentes manières à

500 fr. ne feront que 2,000 fr. il y aurait alors un boni de 400 fr. de cumulement, etc.

3° On comprendra que la subvention des compagnons combattans ne s'étendra pas à l'indemnité de secours aux compagnons affligés d'infirmités incurables, cela devra tomber à la charge des confrères de la localité de la Loge de la victime, car cette charge serait par trop coûteuse au compagnonage. Il devra être alloué, à titre d'indemnité, à ceux sans moyens suffisants, soit la dépense de consignement, soit un petit secours compris comme demi-secours, et aux malades ou à ceux sans ouvrage une indemnité équivalente à la dépense nécessaire à la vie du corps seulement et rien deplus.

4° La médecine sera à la charge de la Loge. — Toutes fêtes ou réunions d'ordonnances trop fréquentes seront supportées par une indemnité de dépenses à la charge de la Loge.

Les visites de malade et même les invitations entre corps d'état du même devoir seront d'obligation, mais avec régularité de conduite.

5° Tous frais nécessiteux et trop dispendieux pour les membres du bureau seront indemnisés par une juste proposition. Ce qui serait déterminé par des réglements harmoniques.

6° Les frais de funérailles seront à la charge du défunt et dans une cérémonie de forme égale avec une harangue composée à la convenance du défunt et un recueillement de *jeûne* par esprit de mortification, le jour de son enterrement.

7º DU DEVOIR DES CHEFS DE SOCIÉTÉ.

1º Tout chef de société aura ses obligations à remplir et devra toujours être subalterne au chef général de la Mère-loge qui sera le Père et le directeur de l'administration générale des deux branches de société, de confrérie et de compagnonage. Il aura le droit de nommer les autres Pères de chaque Loge, puis le droit de nommer les précepteurs à raison de 1 par 100 compagnons combattants.

2º Et, à l'avenir, ces jeunes précepteurs en entrant dans le licenciement du compagnonage, resteront toujours précepteurs et conseillers de toute société, soit de compagnonage, soit de confrérie, et seront toujours considérés comme hommes sages et savants.

La formation des Bureaux de Loge sera faite par le Père de la Loge, à son choix et dans tous les ordres de direction.

1º Pour un compagnon secrétaire pour cette direction ;

2º Pour un compagnon trésorier pour cette direction ;

3º Pour un compagnon embaucheur rapporteur pour cette direction ;

4º Le 4e compagnon membre du bureau sera élu à la majorité des compagnons et dans les compagnons mobiles.

3º Le chef de la Mère-loge sera l'administrateur

général ; mais néanmoins les autres Loges auront leurs chefs de Mère-loge et ils auront leur légalité de pouvoir. — Toutes ces qualifications de nomination de Père ou autre chef ne seront mises en usage que dans les conversations du devoir seulement.

4º Les compagnons combattants auront l'administration de deux sociétés après dix ans d'existence. La société-confrérie sera considérée comme société dite des anciens compagnons, car le compagnonage sera la naissance de la société-confrérie.

Ainsi je prévois l'avenir dans l'ensemble général de tous les arts et métiers pour le bonheur humanitaire, si nous nous en rendons dignes.

8º DES FÊTES GÉNÉRALES.

1º Toute fête de principes évangéliques et de patronage de profession sera chômée. Toute fête de constitution républicaine sera chômée selon son importance et pratiquée de la manière la plus convenable soit en recueillement ou en réjouissance respectueuse.

2º Les fêtes de réception de compagnon auront lieu chaque année, aux époques du lundi de Pâques, de la Fête-Dieu, de l'Assomption, de la Noël, lesquelles seront célébrées par des banquets, aux frais de la caisse de la Loge.

Les fêtes d'arrivée et de départ des compagnons seront faites avec ordre selon la localité, afin de ne pas déranger les ouvriers dans leurs travaux trop souvent.

3º Il sera fait des chansons le plus en harmonie pour les fêtes du devoir et pour toute cérémonie de réjouissance qui ne devront se chanter qu'à ces époques, afin de ne point prodiguer la considération et l'affection due au respect de ces chansons.

4º Il y aura des fêtes occasionnelles par rapport de société et de rencontre de voyage qui devront avoir une instruction de sagesse en réjouissance, lesquelles seront d'une grande et sincère joie. Le tout déterminé par des réglements harmoniques.

9º DE LA DISCIPLINE.

1º La discipline aura pour première justification le redressement des erreurs ou des vices individuels.

2º Une réprimande simple et secrète ou une réprimande mise à l'ordre du jour du 1er dimanche du mois avec un consignement de garder sa chambre ou de rester à son atelier sans fréquentation de personne pendant quinze jours à un mois; en outre, il sera frappé d'une amende, selon ses facultés.

3º Sera jugé par le conseil à l'exclusion pour un an, ou à perpétuité, avec avis général du jugement dans toutes les Loges de France.

Les infractions simples seront :

1º La paresse, la saleté, le mensonge, l'insu-
bordination ;

2º La débauche, l'ivrognerie et l'endettement ;

3º La duperie, l'impudicité, la calomnie ;

4º Le vol. le parjure, le larcin, le meurtre fait
avec préméditation.

4º Toute accusation sera faite par le rapporteur,
selon les rapports qu'il aura reçus, et c'est lui qui
devra soutenir les preuves de l'infraction.

C'est le Père de la Loge qui jugera en présence
de son conseil ; après avoir interrogé le délinquant,
ils détermineront en secret son jugement de la
manière la plus nette et la plus simplifiée.

5º Tout jugement sera rendu avec une réprimande, afin de faire entrer la contrition dans
le sentiment du délinquant, afin qu'il aime à ré-
parer sa faute par la pénitence qui lui sera infligée
ou qu'il devrait s'infliger lui-même en restitution.
Donc la discipline sera principalement pour déra-
ciner les vices et non pour les conserver, ce qui est
tout opposé aux principes et aux lois que le monde
possède depuis sa création, je crois.

10º DU CONGÉDIEMENT.

1º Le congédiement sera fixé depuis l'espace du
temps rempli au compagnonage. Le licencié reti-
rera son certificat d'honneur.

Celui qui aura subi des punitions, son certificat
sera simplement signé par les membres de la loge
comme congédiement seulement.

2º Tout compagnon sortant rentrera immédiatement dans la confrérie des anciens et sera soumis à tous ses réglements et aura toutes ses protections, et sera traité avec considération selon la désignation de ses capacités et de sa conduite dans le compagnonage.

Tout certificat mentionnera les capacités de talent, d'ouvrage, de force et de spécialité de capacité, reconnu dans le spirituel et les stimulants du compagnon sortant.

3º Nul compagnon sortant ne doit se sauver de la société-confrérie qui sera avec les temps futurs considérée comme la société des anciens.

Dans le cas d'indifférence, il sera condamné comme compagnon suspect et chassé de tout ordre social de compagnonage et société-confrérie.

4º Des institutions harmoniques feront le reste à l'avenir, selon la convenance des intelligences et capacités, puis des âges de la création de la société, etc.

DEUXIÈME TRAITÉ.

—

CHAPITRE XVI.

INSTRUCTION D'ORDRE D'EXPLOITATION AGRICOLE.

1º Je sais que l'instruction agricole a un assez grand nombre de publicistes, sur toutes sortes de besoins que peut désirer son exploitation. Mais ma démonstration a un autre point de vue qui en résume le bien et le mal d'une manière assez rapidement dégrossie pour que tout individu puisse facilement y comprendre.

2º Je sais bien que tout cela ne sera pas à la convenance de messieurs les doctrinaires, qui vont se dire : si le monde se change en ordre d'instruction agricole, de là viendront les sociétés communales, les sociétés de confrérie, alors le monde se gouvernerait lui-même, et nous, nous serions mis au rebut avec tout notre diadème de sciences. Ils se diront encore : tenons bon toujours, faisons des principes sots et incompréhensibles, protégeons la liberté de toutes les opinions, même celles qui sont très-immorales, c'est le moyen de pouvoir les corrompre et les diviser.

3º La science agricole est la plus juste et la plus honorable à cultiver pour celui qui en a toute la stimulation convenable. Mais cette profession n'a pas son niveau de salaire selon sa valeur d'œuvre; nul n'a su établir la valeur de la dépense et la valeur du produit, selon un problème général d'expertise et d'inventaire, d'exploitation et de production, d'après une base de salaire selon les travaux et les localités.

4º Des sociétés s'empressent de dire que les agriculteurs sont heureux, mieux que les ouvriers des villes, et que vivant simplement, y étant habitués, cela est suffisant pour eux. Ce n'est que l'épargne qui les fait vivre.

Pour moi, je suis entièrement opposé à cela.

La culture est un art admirable que je ne connais que d'idéologie, selon quelques relations d'affaires et quelque peu de pratique que j'ai eu avec cette profession; mais j'y ai remarqué de graves obscurités générales.

5º Quand on raisonne d'une chose en publicité, il faut comprendre les choses en général.

Si j'allais parler au profit des professions riches et des professions ouvrières des villes, pour privilégier celles-là au préjudice des autres, je ne serais qu'un bavard ; mais je dis, moi, ouvrier de ville , que la profession agricole n'est pas salariée dans son mérite et que le salaire est mal compris.

6º J'entends dire qu'il ne s'agit pas que le bourgeois fasse fi de l'ouvrier , et que l'ouvrier fasse fi de l'agriculteur, soit parce que le bourgeois est suffisant pour ses revenus, vrais ou faux , soit parce que l'ouvrier de ville est salarié de son œuvre d'une manière plus profitable que l'agriculteur.

7º Le bourgeois rentier méprise l'ouvrier qui n'épargne pas et qui dépense trop, à l'égard de lui qui a beaucoup et qui épargne partout. L'ouvrier méprise l'agriculteur en ce que son travail rend peu et que quand il veut dépenser un peu plus et semblablement à l'ouvrier , il serait d'abord ruiné, parlant généralement.

8º Cela est une infinité d'utopies que chacun dit dans son opinion, et qu'il pense et qui ne conclut à rien.

Oui , tout cela a de grands obstacles dans la légalité, mais cela ne peut se justifier que par l'instruction théorique.

Car on voit souvent en dehors les choses en beau, et si on voyait en dedans on les verrait très vilaines, et la besace individuelle est presque égale pour celui qui vit beaucoup.

9º Cependant il y a une différence de produits et de dépenses en travaux généraux, chose qui devrait avoir une législation de principes élémentaires en école agricole, afin de diminuer la dureté des travaux et en augmenter la multiplication par l'œuvre, tel est mon but de publicité.

10° Ne regardons jamais, nous, ouvriers des villes, les travailleurs de campagne que pour être des travailleurs semblables à nous.

Quoiqu'ils n'aient pas la même idée, la même instruction que nous, nous sortons d'eux et même nous retournons encore vers eux, pour avoir la paix et l'indépendance, pour peu que notre stimulant nous y porte.

11° Cette science a plus de mérite qu'on ne lui en porte, si elle n'était pas refoulée par les principes instructifs de monarchie qui désireraient la réduire à l'aumône.

12° C'est pour cela que je me récrie contre ce qu'il peut y avoir de principe obscur sur cela, selon le besoin nécessaire d'instruction théorique et pratique qu'un maître de ferme devrait savoir diriger s'il était bien entendu et incliné par stimulant à ce qui serait nécessaire à la convenance de cela.

13° On sait que certains cultivateurs ont le défaut de ne pas savoir calculer l'ouvrage utile à faire, ni la manière de l'accélérer, ni la valeur qu'il doit rendre d'après la dépense qu'il coûte.

On sait que beaucoup ne savent pas travailler convenablement pour être maîtres de ferme, soit parce qu'ils n'ont pas le stimulant de tout ce qui serait nécessaire à la théorie du vrai principe agricole.

D'autre part, beaucoup ont des talents d'une

part, et, de l'autre, ont de plus grands vices dans leur moral, dans leur désordre de maison.

14° Là où il faudrait réunir toutes les capacités industrielles et morales, souvent plus de la moitié de ces capacités manque, soit que la femme ou le mari, l'un ou l'autre, aient des idées contraires au stimulant de la profession.

Puisque non seulement il est nécessaire de savoir faire beaucoup d'ouvrage, mais il est encore plus nécessaire de savoir le faire à la convenance des utilités reconnues pour être bonnes. Car travailler en mauvais jours et à des temps inconvenables, semer ce qui ne convient pas au terrain, ne pas pouvoir fumer assez le terrain, cela est un travail perdu.

15° On sait que beaucoup ont le talent de savoir bien élever les bestiaux, font du cru qui fait un produit annuel qui paie la ferme ; cela fait un engrais qui fait doubler la récolte et produit à la ferme une abondance de toute manière, etc.; tandis que d'autres ne savent rien faire, soit à cause du manque d'instruction et de la pratique qu'ils n'ont pas, ou souvent un manque d'argent, etc., etc.

16° Car la science du cultivateur doit être composée par :

1° Des instructions élémentaires pour l'écriture et le calcul, etc., la morale, la théorie agricole, etc. ;

2° De l'enseignement pratique pour chaque façon d'œuvre ;

3° De la bonne confection de l'ouvrage, à tant

par heure, tant par jour et tant par semaine, selon les difficultés et la différence du terrain et du travail.

4º Le calcul d'ouvrage de terrassement, d'exploitation de bois, de voiturage, etc., etc., cela fait d'une manière détaillée par calcul brut de théorie.

17º Il devrait être créé des écoles agricoles normales, avec une académie pour la composition des mots qui seraient nécessaires à créer pour expliquer la confection par des travaux, par des nominations de mots adoptés pour français, en principe unique, en désignation d'œuvre.

Qu'il soit créé, dans chaque commune, des écoles élémentaires et ouvrières, parce que tout cultivateur devrait être nanti d'un savoir de métier ou d'une partie de métier qui se fait à couvert, comme cordonnier, cloutier, charron, forgeron, tisseur, sabotier, vannier, etc.. etc.

Donc, chaque commune aurait son genre de métier à soi, selon la convenance des localités, etc.

18º De sorte que quand les temps seraient pluvieux, ou pendant l'hiver, chaque commune devrait avoir une maison servant d'atelier, où chaque cultivateur irait travailler, d'après un ordre de l'administration qui dirigerait toute la composition de l'ouvrage et du commerce, et que quand viendrait le temps convenable aux travaux des champs, on déserterait l'atelier pour servir les travaux des champs.

19º Toutes les administrations d'atelier peuvent se fonder par des actionnaires ; donc, le résultat de l'exploitation pourrait rendre un grand produit pour le bien public, moral et corporel.

Les commerces devraient être rangés dans les communes pour que tous les produits de fabrication soient bien confectionnés et que le prix en soit réglé légalement.

Parce que les ouvrages de campagne doivent être tous des ouvrages ordinaires, communs, afin de n'avoir pas besoin d'une trop grande dépense d'apprentissage, et il ne devrait y avoir de salariés que les travaux des champs, sauf les maîtres d'atelier qui y seront sédentaires avec les chefs de l'administration, etc., etc.

20º Car je crois qu'il viendra un temps qui fera une amélioration morale et intellectuelle, par la création des écoles agricoles auxquelles toutes les générations seront initiées à des principes patriotiques, religieux, scientifiques, qui ne feront qu'une seule voix d'amour salutaire d'esprit d'humanité.

Bien qu'il faudra que la société soit asservie à un recrutement au service de la guerre, et au service des travaux publics de dernier ordre, etc.

21º L'ouvrier agriculteur sera ouvrier, parce qu'il aura subi un cours d'apprentissage d'expertise qui justifiera sa capacité pour telle partie d'ouvrage, de sorte que, généralement, tout ouvrier agricole doit arriver à un problème qui doit démontrer très-clair la valeur de l'œuvre, pour être payé à prix fait, et nul ouvrage ne se fera s'il n'est pas utile à un profit ou à une commodité, ou à un luxe convenable, etc., etc.

22° Il y a vingt et cent manières de diriger des travaux agricoles, néanmoins il y a vingt et cent manières de les diriger mal et destructives.

C'est pour cela que je dis : nul propriétaire ne devrait être maître absolu de sa propriété.

Tout propriétaire doit être asservi à une exposition de principes pour l'exploitation de ses propriétés, soit qu'il veuille la diriger à son gré, en ayant le pouvoir en argent, cela ne devrait pas être.

23° Car la propriété est à tout le monde, et les propriétaires n'en sont que les régisseurs, et nul ne devrait avoir le droit de détruire son cheval, sa terre, sa maison, etc.

Mais sur cela beaucoup de principes viendront en aide, car il y aura à espérer qu'il viendra des plans scientifiques d'exploitation et de distribution selon la convenance des localités, auquel nul individu ne serait blessé de ce procédé, qui serait le profit de toute la société en général.

24° Voilà, selon certain procédé d'exploitation, un maître de ferme auquel il faudrait dix desservants pour faire marcher sa ferme, il va se dire avec dix desservants, je peux faire aller ma maison.

Il fera son calcul d'avance et dira : tant de mesures de terrains à travailler à tant me coûteront tant, tant d'ouvrage à tant me fera tant, selon le tarif et la situation du travail, etc.

La commune aura toujours autant de travail

agricole qu'elle pourrait en avoir besoin pour les temps convenables , parce que les communes seraient généralement nanties d'états d'ouvriers et d'états agricoles , donc chaque citoyen serait instruit de ces deux sortes d'états. De sorte que l'on se dirait : tant d'ares de labourage se paient tant pour telle terre , le sarclage tant , le voiturage de mètre de fumier tant, le moissonnage, le fauchage et levage des foins, tant, etc.

25° Bien qu'il faudrait que les communes soient asservies à un ordre de contrérie agricole, auquel tout citoyen serait asservi à une surveillance, et assujéti à une réprimande s'il s'écartait de son devoir et se mettait dans les dettes et dans un déréglement moral, etc., car nul ne doit être libre de faire mal.

26° Nul propriétaire ne devrait avoir le droit de louer sa propriété à un prix autre que celui fixé par la taxe.

Si la propriété fait amélioration notable par le génie du fermier , le fermier doit en avoir la valeur de ce plus de valeur à peu près. Si le fermier détruit la propriété, il doit payer de suite le dommage et en sortir comme incapable.

La propriété doit se changer en rente, et nul propriétaire ne doit avoir soin de sa propriété , car l'Etat devrait être chargé de surveiller et nommer les directeurs-généraux et sous-directeurs , les arbitres d'expertise des propriétés convenables aux localités , les taxes de salaire , d'expertise et direction, etc.

27° Nul ne doit être libre d'affermer une propriété plus qu'elle ne vaut, ni être libre de l'affermer à un fermier incapable, selon un ordre à cela qui devrait établir la capacité voulue pour cela.

Mais des instructions agricoles nous conduiront dans les temps futurs à l'esprit et la pratique de la science convenable à cela, je crois.

28° Voilà comme j'entends un exemple de tableau à devoir compter la dépense sur une base d'une ferme de nos pays, de 1,000 fr. de rente, dans la Bresse.

DÉPENSES APPROXIMATIVES.

1. Rente annuelle de la ferme. . .	1,000 f.
2. Chetel de 20 têtes de bêtes de valeur, estimées 2,500 f., intérêt 5 p. 0/0. . .	125
Applis d'agriculture, 500 fr. . .	25
3. Réparations d'applis et maréchal.	100
4. Nourriture en blé à 3 hectolitres par personne, dont la maison serait en tout de dix personnes, à 50 f. par personne	500
5. L'ordinaire avec boisson. à 15 c. par individu par jour, fait 55 f. par an.	540
6. Salaire des domestiques et aussi celui des maîtres, à prix de gage. . .	800
7. Consommation et entretien du ménage, en lingerie, meuble, batterie de cuisine, environ 20 fr. par individu. .	200
A reporter. . . .	3,290

A reporter. . . . 3,290

8. Vêtement de dix personnes, dont 2 maîtres, 2 desservants, 2 bergers, 2 vieillards, 2 enfants, d'une valeur en toute consommation du pied à la tête, 50 fr. par individu 500

9. Bois de feu de la maison, de valeur annuelle de 12 stères, rendu à la maison, à 8 f. 50 c. le stère . . . . 102 ⎫
⎪
Et deux charretées de fagots, à ⎬ 142
20 fr. . . . . 40 ⎭

10. Frais de voyage par marchés et autres cas imprévus, à 18 fr. par mois. 210

Total : 4,142 f.

PRODUIT APPROXIMATIF.

29° Pour faire arriver le produit de cette dépense, il faudrait donc ranger le sol à un chiffre approximatif de la valeur moyenne... en compréhension.

1° Les fourrages seront satisfaisants à 20 têtes de bêtes et ne seront pas mis en dépense, quoique souvent la valeur du foin vaut presque la ferme.

2° J'établis la ferme à 30 mesures d'hectolitre de semaille ; la terre labourable donne 15 par an en blé, qui produirait le 5 pour 1 , déduit de semence 1, reste 4 net. Quatre fois 15 feront un

produit de 60 hectolitres, à 15 fr. l'hectolitre sur place. . . . .   900 f.

3º La récolte du tremait ne serait pas
comptée , devant être considérée pour
faire le crût des bestiaux, qui donnerait
alors une valeur de 5 têtes de bête à vendre par année, à 100 fr.   500

Et pour un engrais de deux bœufs,
surplus   200

Crût de deux portées de nourrains , à
6 fr. chaque.   100

Et les six autres pour engrais, à 100 f.   600

Ce qui ferait les deux portées de porcs
en produit, 700 fr.

4º Produit en laiterie de quatre vaches
hors de service pour la maison, à 100 f.
chaque.   400

5º Produit de volaille et engraisse-
ment de 20 poules, à 500 œufs par mois,
pendant cinq mois de l'année, à 2 f. 50 c.
le cent.   60

100 volailles engraissées par année .
à 2 fr. 40 c.   240

Total éventuel : 3,000 f.

6º Pour produit d'œuvre et salaire
d'après le service de la ferme, valeur de   1,550

4,550

Il y aurait excédant de produit possible sur la
dépense d'environ 400 fr.

Selon ce problème, car toute direction de ferme a chacune son problème d'exploitation selon sa localité et ses convenances générales, etc., et dont les différents problèmes sont également aussi bons.

30° Il résulterait que le travail de l'exploitation de la ferme ne pourrait être envisagé que dans un calcul de journées, et que le chiffre porté pour chaque ouvrage pour un nombre de six travailleurs à la culture de la ferme, dont la maison ne compterait pas l'ouvrage du maître et maîtresse et les deux bergers, cela serait en dehors d'œuvre à produit de calcul.

Supposons que les travaux annuels nécessaires à la semence de cinq hectolitres de blé, vaudraient :

journées.

1. Pour œuvres journalières d'hommes et applis. 100

2. Pour l'œuvre des terrains à ensemencer 100

3. Le sarclage et ramassage d'herbes au blé 100

4. Le sarclage des terrains. 200

5. Le charriage des fumiers, en totalité. 50

6. Relever et charrier la terre . . . 150

7. Pour faire la clôture des buissons . 50

Total pour la culture à journée : 750

8. Pour lever les foins et faucher 40 charretées 50

A reporter. . . . 50

A reporter. . .   50

9. Pour moissonner le blé, de 75 hectolitres.   50

10. Pour battre et rentrer le blé au
grenier   50

11. Pour journées de desservissement .   50

Total des journées pour l'exploitation
d'une ferme que je suppose falloir, environ   910

Alors, six travailleurs de culture doivent faire chaque année 300 journées ,
ce qui ferait pour les six 1,800 journées annuelles, dont 910 seraient la dépense de culture. Mais 900 devraient
être un avoir en valeur de produit pour
la maison à devoir utiliser à des travaux à salaires pour particulier, ce qui
pourrait produire, à 1 fr. 25 c. la journée   1,125 f.

Plus, pour environ 300 journées de
voiture, pouvant valoir à peu près, pour
la voiture seulement, 1 fr. 30 c. . . .   415

Ce qui ferait pour le total du salaire
d'œuvre   1,540

Comme je l'ai désigné à l'article 6, si les travaux
s'exécutaient bien comme cela, sans autre non-
valeur, en cas imprévu.

31° Je ferai encore là une autre petite évalua-
tion de produits et dépenses de terrain, d'une mesure, d'une coupée de Bresse, 6 ares 59 centiares.

Produit d'une mesure en bonne qualité

de terrain, 11 doubles décalitres de blé à
3 francs.   .   .   .   .   33 f.

Je laisse la paille pour la valeur du fumier dépensé.

Rente du sol d'une valeur de 300 fr. à
5 pour 0/0.   15

5 labours et charroyage de fumier, à
1 fr. par mesure de labourage   6

Moissonnage et battage du blé   .   .   .   6

Semence du sol en blé, le fermier non
compté   3

Total de la dépense :   30 f.

Il y aurait un boni sur la dépense de 3 fr.

Situation de produit de mauvais sol,
produit 3 doubles décalitres de seigle, à
2 fr. 25 c.   .   .   .   .   6 f. 75 c.

La paille laissée pour le fumier.

Rente de sol valeur de 20 fr. la mesure   1 f.

5 labours et charroyage de fumier.   .   5

Moissonnage et battage du blé.   .   .   .   3

Semence du sol en seigle.   2

Total de la dépense :   11 f.

Sur le produit qui serait de 6 f. 75 c., il y aurait encore un déficit, en perte par coupée, de 4 fr.

Je ne dis pas que mes évaluations soient bien dites, car il y a tant de manières d'exploiter le terrain et à vil prix, selon les localités, que mon chiffre ne peut être qu'un aperçu en général approximatif.

32° Ainsi, voyons la misère qu'ont les cultivateurs qui entreprennent des travaux dans les mauvais terrains ; ils sont exposés à se ruiner en bien
travaillant et croyant payer une ferme bon marché , s'ils n'ont pas le savoir et les moyens de savoir de suite bonifier cette ferme , afin que le
profit surpasse la dépense.

Mais, non compris cela, nous avons encore des
pays de montagne qui sont encore plus coûteux
que ceux-là , par rapport aux mauvais chemins ,
donc la dépense des travaux coûte un quart en
plus par rapport aux charrois de fumier qu'il faut
porter à dos de mulet, et que le sol ne rend pas
plus que celui des plaines.

33° Ainsi, voyons donc si ce n'est pas une abomination de ne pas prévenir les cultivateurs igno-
rants sur tous les obstacles de pertes considéra-
bles qui n'arrivent que par cause d'ignorance , de
calcul théorique , ou d'autres ont de l'instruction.
mais ne sont pas enseignés de la manière à s'en servir avec profit. Car c'est une perte de faire un travail qui ne rend ou ne peut rendre sa dépense.

C'est même un abus de défricher un sol inculte,
quoiqu'il ne coûterait rien à l'ouvrier défricheur ,
si ce sol coûte 11 fr. de dépense et qu'il n'en puisse
rendre que 7 f., quoique on lui donnât gratis le sol.

Cela n'est qu'une générosité ruineuse pour lui.

34. Oui , je sais que quelques cultivateurs font
des affaires à grand profit par leur procédé de
travail de culture et de bestiaux , gagnent du bien

ou de l'argent qui va plus tard entre les mains des notaires, de l'enregistrement, des avocats, des huissiers, etc.

Mais tout cela n'est pas la justice humaine de ce que doivent être les lois et principes.

35° On pourra me dire tout bas : on sait bien cela, et qu'il faut du mal pour connaître le bien, et que la corruption dans les relations, dans les principes politiques, est toute la science des exploiteurs gouvernementaux.

36° Tant que nous aurons cinquante formes de religion et de libertés d'opinions politiques, protégées par les lois constitutionnelles nationales, nous serons toujours aveuglés et conduits par des aveugles pour tomber tous dans le fossé.

Il n'y a ni religion, ni liberté vraie et utile là où il y a incompréhensibilité d'instruction vraie et de droit libre à être grand fripon administrateur.

37° Nous avons pourtant besoin, plus que de pain, de religion, de justice, de liberté : sachons bien que tout principe qui n'est pas pour, est contre.

38° Je traite toutes les questions humaines sur ce que sont les travaux, les commerces, les principes et les lois.

Après que l'on aura étudié si je suis un sot, que l'on ne me soutienne pas, qu'on le démontre; de même que si mon enseignement est sage, qu'on l'approuve, sans m'en faire d'éloges particuliers.

39° On verra tous les traités que j'ai faits pour l'exploitation des travaux, pour la direction des principes et des commerces qui doivent engencer le monde futur.

On verra que j'attaque le mal dans sa source et malgré la volonté des malades eux-mêmes. Je sais que j'aurai à lutter contre l'excrément de l'esprit humain, qui n'a de vie que dans sa passion d'orgueil et d'égoïsme.

40° Je n'attaque que les lois spirituelles qui, selon moi, ont été faites pour tromper toutes les sciences des droits et devoirs humains, de leur juste nature.

C'est une guerre d'esprit contre esprit; donc je n'ai nullement l'intention de faire le moindre mal à qui que ce soit de mes opposants; car je sais que je serai souvent mal compris, et que le trop gros orgueil des dominateurs doctrinaires vivra longtemps contre moi.

41° Car l'instruction générale est toute à refaire, ainsi que les lois et la langue humaine, car l'un ne peut aller sans l'autre.

Ne soyons point surpris de ce que nous avons presque tous des opinions contraires les uns des autres.

Les opinions que nous avons ne viennent pas de nos volontés particulières, mais des principes et des lois; et tous les maux que nous avons ne viennent que de la faute de ceux qui sont nos premiers gouverneurs.

Car ceux qui gouvernent et qui en sont incapables, sont plus coupables qu'ils ne le pensent.

42° Il nous faut des lois et principes qui soient propagés en enseignement public, auquel nul ne doit être libre que dans la vérité et la justice, car le moral de l'enseignement peut amener le monde à la servitude des principes, comme devoir religieux et bonheur de l'humanité, en esprit de liberté.

43° Car il faut que cette persécution de doctrinaires finisse, et que cet esprit impur soit anéanti en droit de puissance.

Eux qui prévoient d'avance les peines que chaque condition aura à supporter, et qui s'en font une sorte d'impériorité de puissance dans l'avenir.

Eux qui savent que chez le plus riche comme chez le plus pauvre, le fléau des persécutions y viendra, ils se gardent bien d'en prévenir le mal, disant qu'ils n'y connaissent rien, etc.

44° Je le répèterai toujours : soyons fidèles aux principes et aux lois de nos nations, même très-religieusement.

Mais, travaillons avec sagesse à en constituer le renouvellement dans l'ordre qui va vers le plus plus parfait devoir et du droit à tous. Ainsi je crois.

Le 14 juillet 1848.

Un Prolétaire.

CHAPITRE XVII.

—

1° Bien des personnes intelligentes disent mille injures et toutes sortes de choses théoriquement instructives, à de mauvais ouvriers, ou à leurs élèves sans pouvoir obtenir d'amélioration dans leurs œuvres.

Et on se plaît à dire de ceux qui sont mauvais ouvriers ou élèves, que c'est bien de leur faute particulière et de leur volonté, etc.

Moi je dis que nul n'est mauvais ouvrier, mauvais élève, mauvais sujet, même par sa faute personnelle et volontaire ;

Mais bien par le défaut des principes, des devoirs qui ont manqué à l'élève par incapacité de son gouverneur et instituteur.

Car ce n'est pas en enseignant même très-théoriquement la sagesse et la science aux élèves que l'on peut les instruire avec certitude de succès, quoique le gouverneur de l'élève soit un brave homme et un bon ouvrier.

Mais cela peut mieux s'apprendre avec succès par les élèves en les instruisant avec des exercices convenablement bien démontrés, et selon les dispositions des stimulants des élèves.

Parce que je crois que très-peu de personnes sont douées de tous les dons convenables à l'enseignement pour savoir le démontrer.

Vu que tous les principes (je crois) ne sont pas convenables à être démontrés de la même manière pour devoir être saisis également de tous les élèves, car la conception a besoin de différents problèmes.

3º Je vois par moi qui ai dicté des théories de manuel de sabotiers et d'arts, et qui n'ai jamais pu faire un apprenti convenablement ouvrier sabotier, à pouvoir et savoir gagner sa vie honorablement.

Oui, j'avoue, j'en ai été incapable, par ma situation de travail commercial, et par mon peu de capacité en œuvres manuelles.

Ainsi, je comprends que beaucoup de personnes peuvent être de braves gens, bons ouvriers, et ne rien valoir pour être instructeurs ni gouverneurs d'élèves.

Comme des pères et mères sont de braves gens et très-intelligents, et n'engendrent que des enfants sots et parfois fripons, par l'affection d'idolâtrie de l'amour-propre qu'ils ont de leurs enfants en les élevant.

Donc l'enfant est devenu le maître de ses caprices, et les parents leurs esclaves, etc.

Comme parfois des gouverneurs sont tyrans par caprice sur leurs élèves, et les élèves se trouvent les esclaves de leurs caprices, au lieu d'être les esclaves de leurs sages préceptes de necessité.

Ainsi l'instruction est la fondation de toute la vie humanitaire, de la vie future, et doit avoir une administration juste et légale, dans le bien humanitaire, en devoir de républicanisme.

Soyons-en dignes et maîtres, nous peuples travailleurs et industriels, nous sommes souverains de droit et devoir, en liberté, pour créer les institutions qui nous sont convenables pour toutes nos professions d'arts et métiers et pour élever nos générations dans tous les âges et conditions de la vie humanitaire.

Les docteurs ne doivent être que nos commis, nos serviteurs, et non nos maîtres absolus, différemment adieu la République, ainsi je crois, dis et préviens.

Le 10 mai 1850.

CHAPITRE XVIII.

—

DROITS ET DEVOIRS CONSCIENCIEUX A PRATIQUER.

1º Au nom de la divine Providence, de ce que doit être la raison humaine à l'égard du droit et devoir de nous-mêmes, selon notre profession et condition ;

A l'égard de nos devoirs à remplir journellement en œuvres corporelles, temporelles et spirituelles, pour être utile et agréable à autrui comme à soi-même.

2º Réglons notre ambition à n'avoir que le succès d'acquérir par de justes œuvres de travail que ce qui est nécessaire à notre alimentation spirituelle et temporelle, selon ce que doit être le droit et le devoir de notre profession et la dignité de notre condition.

3º Croyons et vénérons la divinité de la nature comme parfaite justice suprême. Attribuons nos biens et nos maux aux dignités ou indignités que nous avons les uns les autres, provenant de nos fautes particulières, ou au manque d'instruction de nos principes et lois actuelles.

4° Soyons vrais, prudents, secrets dans nos actions industrielles et commerciales, politiques et religieuses, en esprit convenable.

Examinons religieusement toutes les sollicitations et intrigues provenant des industriels et des doctrinaires.

Prenons la peine de nous justifier de la certitude de la conviction des faits.

5° Redressons prudemment toute difficulté soit de séduction ou de friponnerie. Faisons comprendre ce que nous voyons en mal, en le démontrant sans orgueil, par ce que nous voyons de bien à devoir pratiquer.

6° Instruisons-nous mutuellement sur l'exercice de nos travaux corporels et spirituels, afin d'en faire pratiquer les bons procédés de confection et de vertus théoriquement.

7° Ne méprisons pas les personnes de profession doctrinaire, de profession indigente et même d'opinion impopulaire, en ce que tous sont les membres de notre corps et âme, quelle que soit leur différence d'opulence ou d'affliction.

8° Ne nous attribuons pas la dignité de mérite de profession et domination de richesses pécuniaires de préférence à autrui. Sous la raison de se dire : pourvu que je puisse posséder de grandes dominations lucratives, je m'en moquerais : autant moi qu'un autre ; au reste, se sauvera qui pourra, etc.

9° Laissons les individus et particularités être ce qu'ils sont, dans l'espérance qu'ils deviendront ce qu'ils doivent être pour leur bonheur et le nôtre.

10° Mais discutons sans cesse sur ce qui est abus, sédition, fourberie, dans les lois et principes, afin d'en occasionner le redressement à mesure de la convenance des temps.

11° Résumons notre résurrection dans la transformation de générations futures, en esprit unique de vérité, une et parfaite.

Notre esprit devant devenir parfait, alors la mort sera anéantie dans le spirituel, le corps n'étant que matière sensitive de générations et dégénérations.

Le corps ne doit être que l'esclave du parfait esprit.

12° Respectons les familles et toutes les professions, la fille et la femme d'autrui, comme on doit respecter la propriété d'autrui.

Ne nous jouons pas de l'impudicité, de l'intempérance et de la duperie, etc.

Observons sur cela les règles de la raison et les besoins de l'alimentation nécessaire à cette vie dans l'espérance d'en recevoir toute l'instruction nécessaire.

13° Combattons le mal par le bien, réduisons nos ennemis à reconnaître leurs fautes et à en avoir repentir, et réjouissons-nous dans la miséricorde que nous aurions à faire avec convenance.

14° Croyons et vénérons tout ce qui est bien, la vérité, la justice pure, comme étant le vrai Dieu de la raison la plus parfaite. Ainsi est ma foi.

Le 15 juillet 1848.

UN OUVRIER.

TABLE.

FIN DE LA TABLE.

www.ingramcontent.com/pod-product-compliance
Lightning Source LLC
LaVergne TN
LVHW050752200726
843507LV00001B/107